Eberhard Breitmaier

Alkaloide

Herausgegeben von
Prof. Dr. rer. nat Christoph Elschenbroich, Marburg
Prof. Dr. rer. nat. Dr. h.c. Friedrich Hensel, Marburg
Prof. Dr. phil. Henning Hopf, Braunschweig

Die Studienbücher der Reihe Chemie sollen in Form einzelner Bausteine grundlegende und weiterführende Themen aus allen Gebieten der Chemie umfassen. Sie streben nicht die Breite eines Lehrbuchs oder einer umfangreichen Monographie an, sondern sollen den Studierenden der Chemie – aber auch den bereits im Berufsleben stehenden Chemiker – kompetent in aktuelle und sich in rascher Entwicklung befindende Gebiete der Chemie einführen. Die Bücher sind zum Gebrauch neben der Vorlesung, aber auch anstelle von Vorlesungen geeignet. Es wird angestrebt, im Laufe der Zeit alle Bereiche der Chemie in derartigen Lehrbüchern vorzustellen. Die Reihe richtet sich auch an Studierende anderer Naturwissenschaften, die an einer exemplarischen Darstellung der Chemie interessiert sind.

www.viewegteubner.de

Eberhard Breitmaier

Alkaloide

Betäubungsmittel, Halluzinogene
und andere Wirkstoffe,
Leitstrukturen aus der Natur

3., überarbeitete und erweiterte Auflage

STUDIUM

VIEWEG+
TEUBNER

Bibliografische Information der Deutschen Nationalbibliothek
Die Deutsche Nationalbibliothek verzeichnet diese Publikation in der
Deutschen Nationalbibliografie; detaillierte bibliografische Daten sind im Internet über
<http://dnb.d-nb.de> abrufbar.

Prof. Dr. rer. nat. Eberhard Breitmaier
Studium der Chemie in Tübingen, Promotion 1966 bei Ernst Bayer; 1967 bis 1968 erst Post-
Doctoral-Fellow, dann Assistant Professor, Department of Chemistry, University of Houston,
Houston, Texas, USA; Habilitation 1971 (organische Chemie) in Tübingen; 1972 bis 1975 erst
Universitätsdozent dann apl. Professor, Universität Tübingen; 1975 bis 2004 Professor,
Universität Bonn (organische Chemie und instrumentelle Analytik).

1. Auflage 1997
2. Auflage 2002,
3., überarbeitete und erweiterte Auflage 2008

Alle Rechte vorbehalten
© Vieweg+Teubner | GWV Fachverlage GmbH, Wiesbaden 2008

Lektorat: Ulrich Sandten | Kerstin Hoffmann

Vieweg+Teubner ist Teil der Fachverlagsgruppe Springer Science+Business Media.
www.viewegteubner.de

Umschlaggestaltung: KünkelLopka Medienentwicklung, Heidelberg
Druck und buchbinderische Verarbeitung: Strauss Offsetdruck, Mörlenbach
Gedruckt auf säurefreiem und chlorfrei gebleichtem Papier

ISBN 978-3-8348-0531-7

Vorwort

Alkaloide sind pharmakologisch vielseitig aktive und entsprechend anwendbare Wirkstoffe überwiegend pflanzlicher Herkunft. Die meisten Lehrbücher der organischen Chemie, Biochemie und Pharmazie skizzieren nur wenige typische Vertreter. Andererseits sind einige mehrbändige, teilweise jährlich aktualisierte Fortschrittsberichte über diese Naturstoffklasse für einen Einstieg zu umfangreich und unübersichtlich, für den Spezialisten freilich unentbehrliche Faktensammlungen und bequeme Wege zu den Originalarbeiten. Die Lücke zwischen beiden Extremen soll der vorliegende Studientext füllen.

Zwei einleitenden, kurzen Abschnitten zur Definition der Alkaloide und über ihre Isolierung aus pflanzlichem Material sowie einem Kapitel über ältere und neuere Methoden der Strukturaufklärung folgt eine nach chemischen Kriterien (heterocyclische und andere, nicht heterocyclische Grundskelette) geordnete Übersicht der bekanntesten Alkaloide, ihres Vorkommens in Pflanzen und anderen Organismen sowie ggf. ihrer pharmakologischen Wirkungen. Ein weiterer Abschnitt erläutert bisherige Erkenntnisse zur Biogenese einiger bedeutender Alkaloid-Klassen in Pflanzenfamilien neben chemotaxonomischen und ökochemischen Aspekten. Komplementär zu den Biosynthesen folgen einige nach didaktischen und methodischen Gesichtspunkten ausgewählte Totalsynthesen bekannter Alkaloide. Systematische, mit Grundkenntnissen der organischen Chemie gut nachvollziehbare retrosynthetische Zerlegungen sollen dabei zum besseren Verständnis der Synthesestrategien beitragen. Schließlich sind die Alkaloide Leitstrukturen, Vorbilder zur Entwicklung synthetischer Wirkstoffe; darunter sind Betäubungsmittel und Halluzinogene besonders bedeutend und bekannt. Diesem Thema widmet sich ein letztes Kapitel über halbsynthetische und synthetische Opioide sowie über synthetische Rausch- und Suchtstoffe.

Der Text entwickelte sich aus Spezialvorlesungen, die bei den Studenten reges Interesse fanden. Er ist weder umfassend noch zu tiefschürfend, vielmehr ein Versuch, den Konflikt zwischen naturgegebener Fülle des Stoffes und erwünschter Darstellungstiefe in möglichst übersichtlicher und einprägsamer Form zu lösen.

Die dritte, überarbeitete und erweiterte Auflage enthält Verbesserungen sowie zahlreiche kleinere Ergänzungen in fast allen Kapiteln. Sie vertieft die Beschreibung biogenetischer, ökochemischer und pharmakologischer Aspekte. In neuen Abschnitten der Kapitel 4 und 5 finden sich u.a. Alkaloide pflanzlicher Herkunft, darunter die Huperzine aus chinesischen Bärlappgewächsen, Pinidin aus Nadelgehölzen, Rhoeadin aus Klatschmohn, Steroidalkaloide aus Buchsbaum-Arten, Pumiliotoxine aus Fröschen, Cyanoindole aus Cyanobakterien sowie pharmakologisch attraktive Alkaloide aus Meeresorganismen wie das Aminosterol Squalamin aus dem Dornhai und das makroheterocyclische Papuamin aus Meeresschwämmen.

Für wertvolle Anregungen möchte ich einigen Kollegen und Rezensenten danken und zu weiterer konstruktiver Kritik ermuntern. Die zum kostengünstigen Druck des Buches elektronisch erstellte Datei öffnet sich wie bisher allen interessanten Verbesserungsvorschlägen für künftige Auflagen.

Tübingen, im Frühjahr 2008,   Eberhard Breitmaier

Inhaltsverzeichnis

1 Der Begriff Alkaloid

Als *Alkaloide* [1-8] werden über 20000 Naturstoffe vorwiegend pflanzlicher, seltener tierischer Herkunft bezeichnet, die mindestens ein meist heterocyclisch gebundenes Stickstoff-Atom im Molekül enthalten, oft alkalisch reagieren und bereits in kleinen Dosen auf den menschlichen Organismus wirken, z.b. beruhigend, anregend, gefäßverengend, gefäßerweiternd, krampflösend, schmerzbetäubend, euphorisierend bis halluzinogen. Einige werden ihrem Wirkungsprofil entsprechend angewendet.

Trotz der von C.F.W MEISSNER 1819 geprägten Bezeichnung *Alkaloide* für Alkali-ähnliche Naturstoffe (von arabisch *al qualja* = Pflanzenasche und griechisch $\varepsilon\iota\delta o\varsigma$ = Art, Ähnlichkeit [3]) reagieren keineswegs alle Vertreter alkalisch. (−)-*Nicotin*, das Hauptalkaloid der Tabakpflanze *Nicotiana tabacum*, ist z.b. eine starke Base, während *Ricinin* aus *Ricinus communis*, das ebenfalls zu den Pyridin-Alkaloiden zählt, als Lactam nicht basisch reagiert.

Die meisten stickstoffhaltigen Naturstoffe, z.B. Aminosäuren, Peptide, Proteine, Aminozucker, stickstoffhaltige Antibiotika natürlicher Herkunft sowie Nucleotide, Nucleoside und Nucleobasen zählen nicht zu den Alkaloiden. Umstritten ist die Einordnung der Purin-Stimulantien *Coffein*, *Theobromin* und *Theophyllin* in Kaffee, Mate, Tee und Kakao sowie der Pteridine, die als Flügelpigmente von Schmetterlingen und anderen Insekten auftreten, z.B. *Xanthopterin* und *Leucopterin*.

Purine

R = R′ = CH₃ : Coffein
R = CH₃ , R′ = H : Theophyllin
R = H , R′ = CH₃ : Theobromin

Pteridine

R = OH : Leucopterin (weiß)
R = H : Xanthopterin (gelb)

Andererseits werden bestimmte Cyclopeptide (Peptidalkaloide) und Lactame biogener Polyamine den Alkaloiden zugeordnet. Spezielle Aminosäuren (Asparaginsäure, Ornithin, Lysin, Phenylalanin, Tyrosin, Tryptophan) sind Vorstufen der

Alkaloid-Biosynthese, und daß viele β-Phenylethylamin- sowie Tryptamin-Derivate pflanzlicher oder tierischer Herkunft zu den Alkaloiden gehören, ist unbestritten. Beispiele sind die Halluzinogene *Mescalin* aus dem Peyotl-Kaktus *Lophophora williamsii* sowie *Bufotenin*, das Hautsekret der Aga-Kröte *Bufo marinus*.

Viele Alkaloide mit β-Phenylethylamin-, Tryptamin-, Indol- und Isochinolin-Grundskelett wirken halluzinogen. Nicht alle psychoaktiven Naturstoffe sind jedoch Alkaloide und enthalten Stickstoff. Ein bekanntes Beispiel ist Δ^9-*Tetrahydrocannabinol* (THC), halluzinogener Wirkstoff der Drogen *Haschisch* und *Marihuana*, die aus dem indischen Hanf *Cannabis sativa* var. *indica* gewonnen werden.

Mescalin   Bufotenin   Δ9-Tetrahydrocannabinol

Der Begriff Alkaloid ist also nicht besonders präzise. Als kaum kritisierbar dürfte sich folgende Definition erweisen:

Alkaloide sind stickstoffhaltige organische Verbindungen natürlicher Herkunft; nicht alle aber viele Alkaloide reagieren basisch, enthalten einen Heterocyclus und entfalten biologische Aktivität.

Enthalten die Alkaloide *Heterocyclen*, so legen diese die Klassifizierung fest (z.B. *Pyridin-*, *Indol-* und *Isochinolin*-Alkaloide). Einige acyclische Amine, z.B. die *β-Phenylethylamine*, *Polyamin-Amide* und spezielle *Cyclopeptide* verkörpern *nicht heterocyclische Alkaloide*. Isoprenoide Kohlenstoff-Gerüste kennzeichnen die *Terpen-* und *Steroid-Alkaloide*, welche sich durch einen eingebauten *Heterocyclus* oder eine *Seitenkette* mit *Amino-* oder *Amido-Funktion* zum Alkaloid qualifizieren.

Die allgemein akzeptierten Bezeichnungen der Alkaloide mit der Endsilbe *in* (deutsch) bzw. *ine* (englisch) sind meist Wortschöpfungen der Entdecker, die sich mehr oder weniger eng an der *natürlichen Herkunft* orientieren. Beispiele sind *Nicotin* aus der Tabakpflanze *Nicotiana tabacum* und *Bufotenin* aus dem Hautsekret der Aga-Kröte *Bufo marinus*. Seltener bringen sie eine bestimmte Wirkung zum Ausdruck wie *Morphin* von *Morpheus*, dem Gott der Träume nach OVID. Die systematische Bezeichnung prominenter Alkaloide nach den IUPAC-Regeln der chemischen Nomenklatur, z.B. 3-(*N*-Methyl-2-pyrrolidinyl)pyridin anstelle von *Nicotin*, wäre für die interdisziplinäre Kommunikation (Chemie, Biologie, Pharmazie, Medizin, Kriminologie) unbrauchbar kompliziert, nichtssagend über Herkunft und Wirkung.

2 Vorkommen und Isolierung

Basische Alkaloide kommen in den Pflanzen meist als Salze pflanzlicher Säuren vor. Vor allem die Anionen der Essig-, Oxal-, Milch-, Äpfel-, Wein-, Citronen-, Aconit- und Chinasäure treten in diesen Salzen auf:

L-(–)-Äpfelsäure Citronensäure Aconitsäure Chinasäure

Seltener werden die Alkaloide in Form ihrer Glycoside isoliert. Das in Chile beheimatete Nachtschattengewächs *Schizanthus integrifolius* (Solanaceae) enthält z. B. ein Pyrrolidin-Alkaloid (Hygrinol) als α-Glycosid der Fucose (6-Deoxygalactose) [9].

[1-Methyl-2-(*N*-methyl-2-pyrrolidinyl)ethyl]-3-O-
(2-methyl-1-oxo-2-butenyl)-α-D-fucopyranosid

Das Hauptproblem bei der Isolierung eines Alkaloids aus pflanzlichem Material ist die Gefahr, daß durch chemische Reaktion des natürlichen (genuinen) Alkaloids mit den Aufarbeitungs-Reagenzien Kunstprodukte (Artefakte) entstehen können, welche nicht mehr die Wirkung des Naturstoffes entfalten. Man muß daher unter schonenden Bedingungen arbeiten, also höhere Temperaturen, stark saure oder alkalische Bedingungen, Alkylierungs- und Acylierungsmittel meiden und möglichst inerte Lösungsmittel verwenden. Schließlich gibt es vereinzelt sauerstoffempfindliche Alkaloide, so daß alle Schritte der Extraktion und Trennung unter Schutzgas durchgeführt werden müssen.

Eine erste Analyse des Alkaloid-Gehalts von Pflanzenextrakten gelingt derzeit mit sehr geringen Probenmengen durch die Kombination der Hochleistungs-Flüssigkeits-Chromatographie (HPLC) und Massenspektrometrie (MS) [3]. Zur Aufklärung ihrer Struktur durch spektroskopische Methoden und zur Durchführung pharmakologischer Untersuchungen müssen neue Alkaloide rein und in ausreichenden Mengen aus den Extrakten isoliert werden.

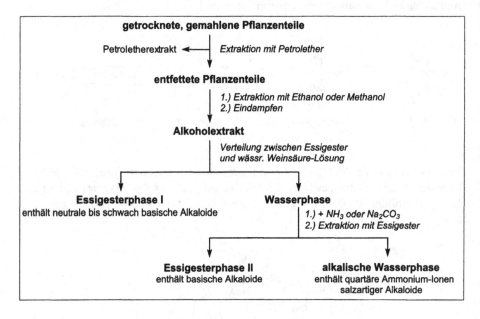

Abb. 1. Isolierung von Alkaloiden aus Pflanzenteilen

Zur Isolierung der Alkaloide werden die getrockneten und gemahlenen Pflanzenteile (Blätter, Blüten, Rinde, Samen, Stiele, Wurzeln) zunächst mit Petrolether extrahiert (Abb. 1). Der Petroletherextrakt wird verworfen, das entfettete Material mit Ethanol oder Methanol extrahiert. Nach Eindampfen des Alkohols verbleibt der meist sirupöse Alkoholextrakt. Dieser wird im Zweiphasensystem aus Essigester und verdünnter wäßriger Weinsäure durch Ausschütteln im Scheidetrichter verteilt. Die Essigesterphase enthält neutrale bis schwach basische Alkaloide. Die Wasserphase wird mit Ammoniak oder Natriumcarbonat alkalisch gemacht, dann mit Essigester extrahiert. Die Essigesteresterphase enthält basische Alkaloide, die Wasserphase quartäre Ammonium-Ionen salzartig vorliegender Alkaloide. Die Rohfraktionen aus Essigesterphase I und II sowie der alkalischen Wasserphase werden chromatographisch weiter getrennt.

Viele Alkaloide lassen sich mit chromatographischen Methoden [10] direkt aus dem Alkohol-Extrakt gewinnen. Allerdings sind Alkaloide keine einheitliche Verbindungsklasse. Daher kann in der Praxis fast nie exakt nach einer Literaturvorschrift gearbeitet werden. Vielmehr müssen die optimalen Bedingungen der chromatographischen Trennung (Laufmittel, Adsorbentien) vorab für jeden neuen Pflanzenextrakt durch Dünnschicht-Chromatographie ermittelt werden.

In einem Trennungsgang, der sich u.a. für Tropan-Alkaloide gut bewährt hat, wird der Rohextrakt zunächst durch Säulenchromatographie vorgereinigt (Adsorbens: Kieselgel; Laufmittel: Chloroform : Methanol mit steigendem Gehalt an Methanol); dabei werden weniger polare Inhaltsstoffe wie Lipide und Terpene von der Rohfraktion der Alkaloide abgetrennt. Durch weitere Säulenchromatographie (bewährtes Adsorbens: Kieselgel; bewährtes Laufmittel: Chloroform : Methanol = 10 : 1) lassen sich die Komponenten der Rohfraktion trennen. Die erhaltenen Fraktionen werden durch Dünnschicht- (DC), besser durch Hochleistungs-Flüssigkeits-Chromatographie (HPLC) und Protonen-NMR-Spektroskopie auf Einheitlichkeit geprüft. Sind die Fraktionen uneinheitlich, wird am besten durch HPLC endgereinigt. Zur Detektion des Alkaloids im Eluat wird ein Durchfluß-Photometer oder besser ein Photodiodenarray-Detektor zur kontinuierlichen Aufnahme der UV-Spektren verwendet. Auf diese Weise gelingt die Isolierung der Alkaloide in Mengen von 1 - 10 mg, die zur Aufklärung mit spektroskopischen Methoden meist ausreichen.

3 Analytik und Strukturaufklärung

3.1 Chemischer Abbau

3.1.1 Chemischer Abbau zur Klärung der absoluten Konfiguration

Zur Klärung der absoluten Konfiguration asymmetrischer C-Atome werden bis heute chemische Abbaumethoden angewendet, da sich die Molekülspektren von Enantiomeren nicht unterscheiden. Einfache Beispiele sind die Tabak-Alkaloide *Nicotin* und *Anabasin* [11] (Abb. 2).

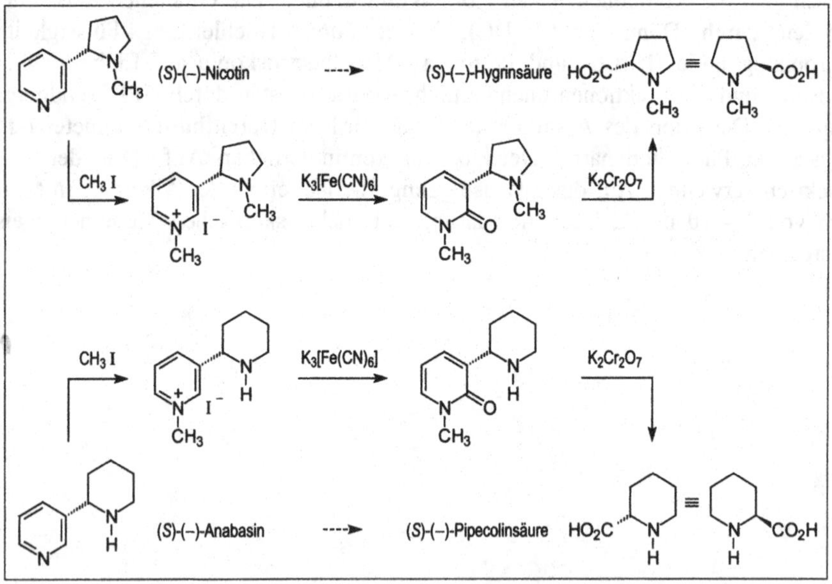

Abb. 2. Zur absoluten Konfiguration des Nicotins und Anabasins

Beide Alkaloide drehen die Ebene linear polarisierten Lichts nach links, sind also *linksdrehend* und werden dementsprechend als *(–)-Nicotin* und *(–)-Anabasin* bezeichnet. Zur Bestimmung ihrer absoluten Konfiguration (*R* oder *S*) werden beide Alkaloide mit Iodmethan am nucleophileren Pyridin-*N*-Atom methyliert. Anschliessende Oxidation mit Kaliumhexacyanoferrat(III) führt zu den Pyridonen. Diese werden mit Kaliumdichromat oxidativ zu Hygrinsäure bzw. Pipecolinsäure gespalten. Beide Spaltprodukte erweisen sich durch Messung der optischen Drehung (Polarimetrie) als die linksdrehenden Enantiomeren. Aus (–)-Nicotin ist demnach authentische (S)-(–)-Hygrinsäure, aus (–)-Anabasin authentische (S)-(–)-Pipecolinsäure entstanden. Somit haben beide Alkaloide die gezeichnete (S)-Konfiguration (Abb. 2).

3.1.2 Chemischer Abbau zur Klärung der Konstitution

Früher wurden Alkaloide wie andere Naturstoffe überwiegend mit chemischen Abbaureaktionen aufgeklärt [3]. Zur Strukturbestimmung von Alkaloiden eignen sich Abbaureaktionen, welche die häufig auftretenden Pyrrolidin- und Piperidin-Ringe öffnen. Nach Identifizierung der Spaltprodukte wird aus diesen das Ausgangsalkaloid *rekonstruiert*. Abb. 3 illustriert drei Methoden des chemischen Abbaus von Alkaloiden am Beispiel des Indolizin-Alkaloids Tylophorin sowie die zur Konstitutionsaufklärung wesentliche Beziehung zwischen Ausgangs- und Spaltprodukt.

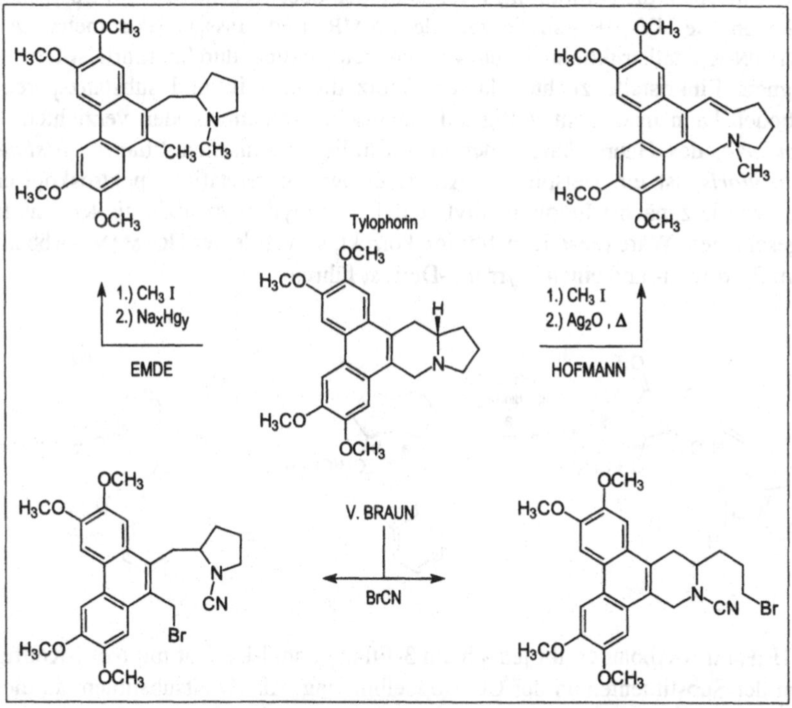

Abb. 3. HOFMANN-, EMDE- und V. BRAUN-Aufbau des Tylophorins

Unter dem EMDE-Abbau versteht man die reduktive Spaltung eines Tetraalkyl-
ammonium-Salzes, meist durch Natriumamalgam in Säure, zum tertiären Amin und
Alkan. Aus cyclischen Aminen entstehen dabei offenkettige, gesättigte Amine.

Der seltener angewendete Bromcyan-Abbau nach VON BRAUN spaltet die NC-
Bindung eines cyclischen Amins durch Bromcyan. Dabei bildet sich ein ω-Brom-
cyanamid. Dieses wird über die entsprechende Carbamidsäure zum sekundären ω-
Bromamin hydrolysiert. Manchmal wird auch mit Lithiumaluminiumhydrid zum
sekundären Amin reduziert.

Der bei Alkaloiden am häufigsten angewendete HOFMANN-Abbau ist die basenkatalysierte Spaltung einer Tetraalkylammonium-Verbindung in ein Alken und ein
tertiäres Amin. Tetraalkylammonium-Salze erhält man durch erschöpfende Alkylierung, u.a. mit Iodmethan. Nach Ionenaustausch (Iodid gegen Hydroxid) erfolgt in
der Hitze die HOFMANN-Eliminierung. Wegen der bevorzugten Eliminierung des
acideren β-Wasserstoff-Atoms (z.B. Allyl- und Benzyl-H vor Alkyl-H) führt der
HOFMANN-Abbau meist zu einem einheitlichen Spaltprodukt, während die anderen
Abbaurekationen häufig Produktgemische ergeben (Abb. 3).

Heute stützt sich die Aufklärung von Alkaloiden überwiegend auf spektroskopische
Methoden wie UV-, IR-, sowie vor allem NMR- und Massenspektrometrie. Auch
RÖNTGEN-Kristallstrukturanalysen werden gelegentlich durchgeführt, sofern sich
geeignete Einkristalle züchten lassen. Trotz dieser zeit- und substanzsparender
Methoden kann man nicht völlig auf chemische Abbaumethoden verzichten. *Pe-
duncularin*, das Hauptalkaloid der in Australien heimischen Pflanze *Aristotelia
peduncularis*, ist ein Beispiel [12]. Aufgrund der Interpretation spektroskopischer
Daten wurde zunächst Indolylmethylmethylentetrahydropyrrolizin als Konstitution
vorgeschlagen. Wäre diese Konstitution korrekt, so würde der HOFMANN-Abbau zu
einem Pyrrolidin- und einem Pyrrolin-Derivat führen:

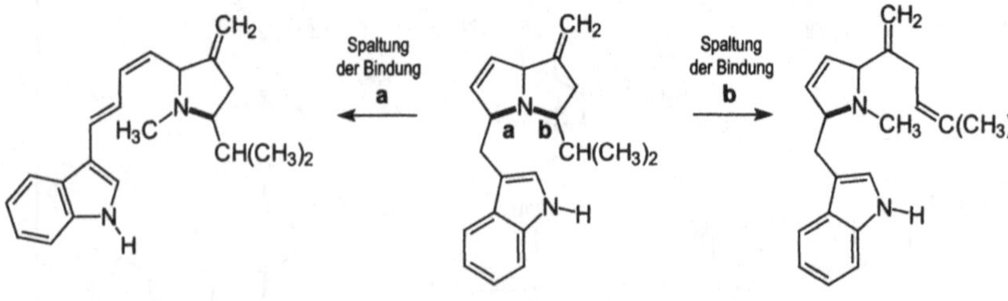

Der HOFMANN-Abbau ergibt jedoch ein 3-Ethenylindol-Derivat mit *trans*-Konfigu-
ration der Substituenten an der CC-Doppelbindung. Als Zweitsubstituent an dieser
CC-Doppelbindung entpuppt sich ein 2-Methylen-4-cyclohexenyl-Rest mit einer

Methyl-*iso*-propylamino-Funktion in 3-Stellung. Aus diesem Abbauprodukt läßt sich die korrekte Konstitution des Peduncularins rekonstruieren [12]:

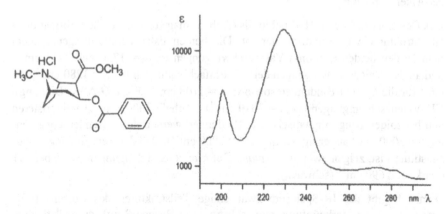

3.2   UV- und Lichtabsorptionsspektroskopie

In der UV- und Lichtabsorptionsspektroskopie [13] wird die Extinktion ε oder deren Logarithmus, lg ε, als Funktion der Wellenlänge λ in nm aufgetragen (Abb. 4). Das UV-Spektrum des Peduncularins [12] (Formel s.o.) in Ethanol zeigt z.B. drei Absorptionsmaxima bei 223 (lg ε = 4.51), 281 (3.77) und 290 nm (3.71), welche den Indol-Ring des Alkaloids charakterisieren. Im UV-Spektrum des Cocain-Hydrochlorids (Abb 4) erkennt man die Benzoesäureester-Teilstruktur mit Absorptionsmaxima bei 201 (lg ε = 3.9), 230 (4.12), 273 (3.04) und 282 nm (3.01).

Abb. 4. UV-Spektrum des Cocain-Hydrochlorids in Ethanol

Beide Beispiele zeigen, daß die UV- und Lichtabsorptionsspektroskopie Chromophore, Aromaten und andere konjugierte π-Elektronensysteme in Alkaloiden nachweist, jedoch keine Methode zur vollständigen Aufklärung der Struktur neuer Alkaloide ist. Gleichwohl eignet sie sich zur quantitativen Bestimmung von Alkaloiden in Lösung (Gehaltsbestimmung durch Photometrie) und zu der bereits erwähnten Detektion von Alkaloiden bei chromatographischen Trennungen.

3.3 IR-Spektroskopie

Einen etwas detaillierteren Einblick in die Molekülstruktur eines Alkaloids gewähren die Schwingungsspektren, also je nach Art der Messung (Absorption oder Streuung) die Infrarot- (IR-) oder RAMAN-Spektren [14]. Aufgetragen wird die prozentuale Durchlässigkeit gegen die Wellenzahl (Anzahl der Wellen pro cm, also cm^{-1}).

Im *IR-Spektrum* des Peduncularins [12] (Formel auf S. 9) bestätigen z.B. die Absorptionsbande der NH-Valenzschwingung bei 3490 cm^{-1} (Kürzel: v_{NH}) sowie C=C-Valenzschwingungen ($v_{C=C}$) bei 1690, 1620, 1490 und 1460 cm^{-1} das Vorliegen eines Indol-Ringes; die Banden bei 1690 und 1620 cm^{-1} schließen auch eine oder mehrere Alken-Doppelbindungen nicht aus. Im Gegensatz zum UV-Spektrum zeigt das IR-Spektrum an einer weiteren Bande bei 895 cm^{-1} (*out-of-plane* CH-Deformationsschwingung, Kürzel: γ_{C-H}) deutlich die zusätzliche CC-Doppelbindung eines *cis*-Alkens im Ring.

Das Beispiel des Cocain-Hydrochlorids (Abb. 5) mag zeigen, welche Informationen zur Struktur ein IR-Spektrum hergibt: Die beiden Ester-Verknüpfungen erkennt man an den beiden Carbonyl-Valenzschwingungen ($v_{C=O}$ = 1730 und 1713 cm^{-1}) und an den Valenzschwingungen der CO-Einfachbindungen (v_{C-O} = 1280 und 1267 cm^{-1} für die *O*-Acyl-Bindungen sowie v_{C-O} = 1108 cm^{-1} für die *O*-Alkyl-Bindung). CH-Valenzschwingungen (v_{C-H} = 3040 cm^{-1}) oberhalb 3000 cm^{-1} charakterisieren den benzoiden Ring; aliphatische CH-Bindungen werden durch Banden etwas unterhalb 3000 cm^{-1} angezeigt (v_{C-H} = 2980-2900 cm^{-1}). Daß der Benzen-Ring monosubstituiert ist, zeigen zwei *out-of-plane*-Deformationsschwingungen (γ_{C-H}) bei 731 (stark) und 690 cm^{-1} (schwach).

Demnach gibt das IR-Spektrum zwar einige Teilstrukturen des Cocains (CH-Fragmente, Ester-Verknüpfung, monosubstituierter Benzen-Ring); die vollständige Atomverknüpfung (Konstitution) und Einzelheiten der Raumstruktur (relative und absolute Konfiguration) erkennt man jedoch nicht. Immerhin ist das IR-Spektrum wie ein „Fingerabdruck" der Verbindung, so daß man z.B. eine Rauschgift-Probe als Cocain-Hydrochlorid identifizieren kann, wenn die IR-Spektren der Probe und des authentischen Cocain-Hydrochlorids übereinstimmen.

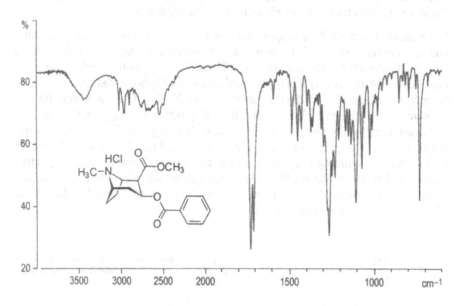

Abb. 5. IR-Spektrum des Cocain-Hydrochlorids (Kaliumbromid-Preßling)

3.4 Massenspektrometrie

In der Massenspektrometrie wird aus genügend flüchtigen Molekülen durch verschiedene Ionisierungsmethoden ein Strom von Fragmentionen erzeugt. Ionisiert wird meistens durch Elektronenbeschuß (*„Electron impact"*, daher *EI*-Massenspektrometrie) [15]. Im *Massenspektrum* wird die *relative Häufigkeit* (%) der Ionen *als Funktion ihrer relativen Masse m/z* (Masse *m* durch Kernladung *z*) aufgetragen. Die relative Häufigkeit bezieht sich auf das *Basis-Ion* mit der größten Intensität (100 %); Bezugsgröße der relativen Masse ist die Atommasse des Kohlenstoff-Atoms (12.000). Das beim Elektronenbeschuß primär entstandene *Molekül-Ion* (ein Radikal-Kation) zerfällt in *Fragment-Ionen* (Kationen) als Teilstrukturen des Moleküls, aus denen die Konstitution der Verbindung zumindest teilweise rekonstruiert werden kann, wie Abb. 6 und 7 am Massenspektrum des Cocains zeigen.

Enthält das Molekül Heteroatome mit nichtbindenden Elektronenpaaren (im Falle des Cocains O und N), so wird bevorzugt dort ionisiert, so daß sich positive Ladung und Radikalstelle an einem der Heteroatome befinden. Häufigste Primärfragmentierung ist dann die α-Spaltung, der Bruch einer Bindung in α-Stellung zum ionisierten Heteroatom. Dabei werden Radikale abgespalten; die verbleibenden Kationen als Folgefragmente erscheinen im Massenspektrum

Die meisten Ionen im Massenspektrum des Cocains entstehen durch α-Spaltung und deren Folgereaktionen [15] (Abb. 6, Fragmentierungsschema: Abb. 7). Ausgehend vom Methoxycarbonyl-Radikalkation (Radikalstelle und positive Ladung am Carbonyl-O des Methylesters) führt die α-Spaltung eines Methoxy-Radikals zum Fragmention der Masse 272 (Differenz zur Molmasse: 31 für OCH_3), ein Indiz für den *Methylester*. Befinden sich Radikalstelle und positive Ladung am Carbonyl-O-Atom der Benzoyloxy-Gruppe, so führt die α-Spaltung zum Benzoyl-Kation der Masse 105, das Kohlenmonoxid abspaltet und so zum Phenyl-Kation der Masse 77 zerfällt; diese Fragmentierung charakterisiert eine *Benzoyl-Gruppe*. Liegen positive Ladung und Radikalstelle am Ring-*N*-Atom, so öffnet die α-Spaltung den Tropan-Bicyclus; eine anschließende Wasserstoff-Verschiebung führt zum Ion der Masse 82, das den *Tropan-Ring* kennzeichnet.

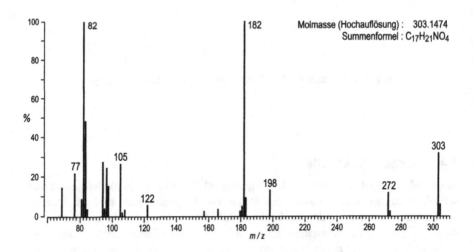

Abb. 6. EI-Massenspektrum des Cocains (freie Base, 70 kV-Elektronenbeschuß)

Die Ionen der Masse 198 und 182 entstehen durch homolytische Spaltung der C–O-Bindungen des Benzoesäureesters (Abb. 7). Eine Besonderheit ist das Fragment der Masse 122, ein Radikal-Kation; es bildet sich durch Abspaltung eines bicyclischen

Alkens als Folge einer Wasserstoff-Verschiebung über einen sechsgliedrigen Übergangszustand, die als McLAFFERTY-Umlagerung [15] bekannt ist.

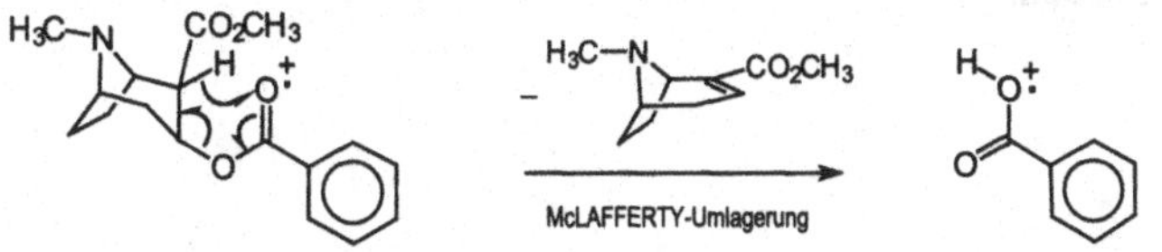

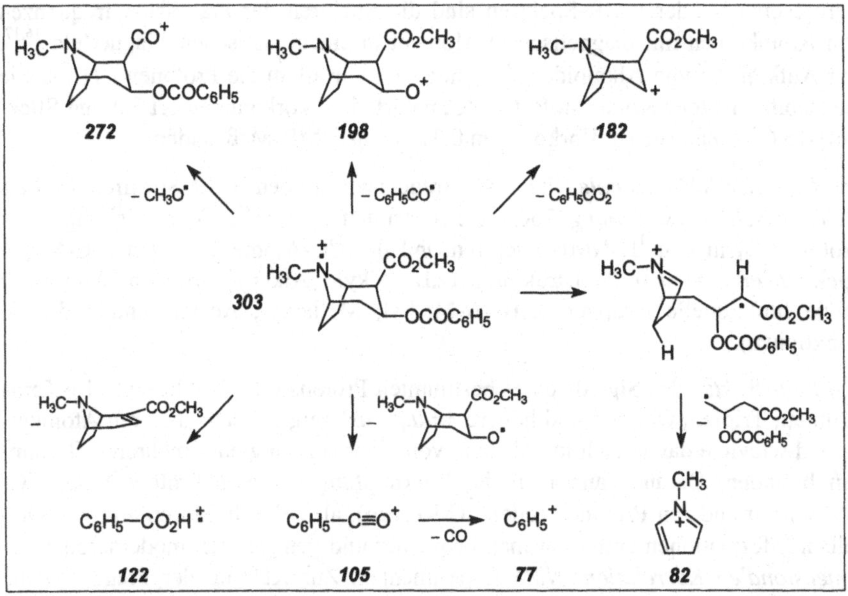

Abb. 7. Fragmentierungsschema des Cocains zur Erklärung des Massenspektrums (Abb. 6)

Da mit Ausnahme des Bezugs-Atoms ^{12}C die Atommassen der Elemente nicht ganzzahlig sind, also elementspezifische Massendefekte aufweisen, geben exakte Massenbestimmungen des Molekül-Ions und der Fragment-Ionen (Hochauflösung mit einer Präzision von 10^{-4} Masseneinheiten) die Summenformeln (Elementarzusammensetzungen) der Verbindung und ihrer Fragmente im Massenspektrum.

Aus dem Massenspektrum können demnach mit etwas Erfahrung die Teilstrukturen eines Alkaloids abgelesen werden. Hinweise auf die Raumstruktur gibt auch das Massenspektrum nicht. Aber die Massenspektrometrie ist in Kombination mit chromatographischen Methoden (Gas-Chromatographie: GC-MS; Hochdruck-Flüssigkeits-Chromatographie: HPLC-MS) eine sehr empfindliche, treffsichere Methode zur Identifizierung bekannter Alkaloide und Designer-Drogen, z.B. in Rauschgift-Proben.

3.5 NMR-Spektroskopie

Kernresonanz- oder NMR-Spektren sind die Spektren der Präzessionsfrequenzen von Atomkernen mit magnetischem Moment in einem statischen Magnetfeld [16,17]. Zur Aufklärung von Alkaloiden [18] eignen sich vor allem die Protonen (^{1}H), sowie die stabilen Isotope Kohlenstoff-13 (^{13}C, natürliches Vorkommen 1.1 %) und Stickstoff-15 (^{15}N, natürliches Vorkommen 0.37 %) als NMR-Meßsonden.

Die *Lage der NMR-Signale* (Präzessionfrequenzen) in den NMR-Spektren wird als die *chemische Verschiebung δ* bezeichnet. An den chemischen Verschiebungen der Protonen δ_H in den ^{1}H-NMR-Spektren und der ^{13}C-Atome δ_C in den ^{13}C-NMR-Spektren erkennt man Teilstrukturen (z.B. Alkyl-, Alkenyl-Gruppen, Aromaten) sowie funktionelle Gruppen (z.B. *N*-Methyl, Methoxy-, Acetal- und Aldehyd-Funktionen).

Die *Feinstruktur* des Signals eines bestimmten Protons oder Kohlenstoff-13-Kerns (Dublett, Triplett, Quartett und höhere *Multipletts*) zeigt, welche anderen Atomkerne und wieviele davon sich im Abstand von einer Bindung oder mehreren Bindungen befinden. Daraus kann man die Verknüpfungen dieses Protons (oder ^{13}C-Atoms) mit anderen Protonen (oder ^{13}C-Kernen), also Teilstrukturen ablesen. Dieselben Informationen entnimmt man bequemer und genauer den moderneren *zweidimensionalen Korrelations-NMR*-Experimenten. Zur Klärung der Frage, welche Protonen sich im Abstand von zwei, drei oder mehr Bindungen zu einem bestimmten Proton eines Moleküls befinden, eignet sich das HH-COSY-Experiment (COSY von Correlation Spectroscopy). Welche Protonen mit welchen C-Atomen unmittelbar verknüpft sind, ergibt sich durch CH-COSY (zweidimensionale CH-Korrelation mit ^{13}C-Detektion) oder mit größerer Empfindlichkeit durch HC-HMQC (zweidimensionale CH-Korrelation mit ^{1}H-Detektion, HMQC von *heteronuclear multiple quantum coherence*). Welche Protonen sich im Abstand von zwei oder drei Bindungen zu einem bestimmten C-Atom befinden, zeigt CH-COLOC (COLOC von *correlation via long-range coupling*, ^{13}C-Detektion) oder HC-HMBC mit größerer Empfindlichkeit (von *heteronuclear multiple bond correlation*, ^{1}H-Detektion).

Die als *Kopplungskonstanten* bezeichneten Abstände der einzelnen Signale eines Multipletts spiegeln die relative Konfiguration und Konformation von Teilstrukturen wider. Dieselben Informationen lassen sich auch aus den als Kern-Overhauser-

Effekt (NOE von *nuclear Overhauser effect*) bekannten Änderungen der Signal-intensitäten bei Entkopplungsexperimenten ablesen. Im Gegensatz zu allen anderen spektroskopischen Methoden eignet sich die NMR-Spektroskopie zur Ermittlung der für die Struktur-Wirkungs-Beziehungen so wichtigen Raumstruktur in Lösung.

Die Vorgehensweise bei der Klärung einer Alkaloid-Struktur durch ein- und zwei-dimensionale NMR-Messungen [18] soll an einigen Beispielen erläutert werden.

3.5.1 Konstitution

Das CH-Skelett eines Alkaloids läßt sich am besten aus zweidimensionalen CH-Korrelations-Experimenten ablesen, wie Abb. 8 und 9 für das Isochinolin-Alkaloid β-Hydrastin zeigen. Zur Auswertung nützlich sind

das ^{1}H-NMR-Spektrum (Abb. 8a),

das Protonen-breitbandentkoppelte ^{13}C-NMR-Spektrum (Abb. 8b),

Subspektren (Abb. 8c und d), aus denen man die CH-Multiplizitäten (C, CH, CH_2 und CH_3) ablesen kann, wonach bekannt ist, *mit wievielen H-Atomen jedes einzelne C-Atom verknüpft ist*,

eine zweidimensionale CH-Korrelation (CH-COSY, Abb. 8e oder alternativ HC-HMQC), aus dem man alle CH-Bindungen ablesen kann, so daß klar wird, *welche H-Atome an welche C-Atome gebunden sind*,

und ein CH-COLOC- (Abb. 9) oder HC-HMBC-Experiment, aus dem man ablesen kann, *welche H-Atome sich im Abstand von zwei oder drei Bindungen zu jedem C-Atom befinden.*

Das ^{1}H-NMR-Spektrum (Abb. 8a) und das ^{13}C-NMR-Spektrum (Abb. 8b) weisen aufgrund typischer Verschiebungen der Protonen (δ_H) und C-Atome (δ_C) auf eine *N*-Methyl-Gruppe ($\delta_H = 2.46$; $\delta_C = 44.5$), zwei Methoxy-Gruppen ($\delta_H = 3.81, 3.96$; $\delta_C = 56.3$ 61.7), eine Methylendioxy-Gruppe ($\delta_H = 5.81$; $\delta_C = 100.5$) sowie auf zwei benzoide Ringe hin (^{1}H-Signale zwischen $\delta_H = 6.32$ und 7.04; zwölf ^{13}C-Signale zwischen $\delta_C = 107$ und 152).

Im ^{1}H-breitbandentkoppelten ^{13}C-NMR-Spektrum (Abb. 8b) findet man alle 21 C-Atome des Moleküls. Durch Zählen der intensivsten Signale in den DEPT-Sub-spektren (Abb. 8c,d) erkennt man sechs CH- (Abb. 8c), drei CH_2- (Abb. 8d , Sig-nale mit negativer Amplitude) und drei CH_3-Gruppen (Abb. 8d , Signale mit positi-ver Amplitude, die zusätzlich zu den aus Abb. 8c bekannten CH-Fragmenten auf-treten). Somit enthält das Molekül drei CH_3-, drei CH_2-, sechs CH- und neun quar-täre C-Atome.

Die Koordinaten der Kreuzsignal-Konturen im CH-COSY-Diagramm (Abb. 8e, ein HMQC-Diagramm hätte dasselbe Format) sind die *Verschiebungen der miteinander verknüpften C- und H-Atome*. So ist das C-Atom bei $\delta_C = 118.1$ an das Proton bei $\delta_H = 7.04$ gebunden, und das C-Atom bei $\delta_C = 26.3$ ist mit den Protonen bei $\delta_H = 2.19$ und 2.50 verknüpft; diese CH_2-Protonen sind also chemisch nicht äquivalent. Tab. 1 gibt alle auf diese Weise zugeordneten CH-Bindungen des Moleküls.

Die Koordinaten der Kreuzsignal-Konturen im CH-COLOC-Diagramm (Abb. 9, ein HMBC-Diagramm hätte dasselbe Format) sind die *Verschiebungen der C-Atome und der Protonen im Abstand von zwei und / oder drei Bindungen* (Abstandsbeziehungen über mehr als drei Bindungen werden selten beobachtet). So befindet sich das Proton bei $\delta_H = 3.89$ im Abstand von zwei oder drei Bindungen zu den C-Atomen mit den Verschiebungen $\delta_C = 82.5, 107.3, 124.3, 129.9$ und 140.2. Die Methoxy-Protonen bei $\delta_H = 3.81$ und 3.96 befinden sich im Abstand von (zwei oder) drei Bindungen zu den C-Atomen mit $\delta_C = 152.1$ bzw. 147.2; damit ist die Verknüpfung dieser Methoxy-Gruppen bekannt (z.B. OCH_3 mit $\delta_H = 3.81$ am C-Atom mit $\delta_C = 152.1$).

5β-Hydrastin,
Verknüpfung der Protonen bei $\delta_H = 3.81, 3.89$ und 3.96
1H-Verschiebungen *kursiv*

Tab. 1 gibt alle aus Abb. 8 und 9 abgeleiteten CH-Bindungen (■) und CH-Beziehungen des β-Hydrastins über zwei und drei Bindungen (○) und damit bis auf kleine Lücken das gesamte CH-Skelett dieses Isochinolin-Alkaloids. Es gibt PC-Programme, die aus dem in der Datenmatrix nach Tab. 1 steckenden „kombinatorischen Rätsel" alle möglichen Konstitutionsformeln berechnen [19].

β-Hydrastin war ein Alkaloid mit zwei benzoiden und vielen quartären C-Atomen, so daß das ^{1}H-NMR-Spektrum nur wenige Signale zeigt; die Aufklärung der Struktur gelingt mit Hilfe der aus dem CH-COLOC- oder HC-HMBC-Diagramm ablesbaren CH-Beziehungen über zwei und drei Bindungen sowie über Heteroatome hinweg. Enthält ein Alkaloid dagegen cycloaliphatische Ringe mit vielen benachbarten CH-Bindungen, so können zumindest diese Teilstrukturen aus dem HH-COSY-Konturdiagramm abgelesen werden, wie Abb. 10 für den Fall des Cocain-Hydrochlorids zeigt.

Tab. 1. CH-Beziehungen des β-Hydrastins aus dem CH-COSY- und CH-COLOC-Diagramm (**Abb. 8e und 9**). Die CH-Multiplizitäten in der ersten Spalte ergeben sich aus den ^{13}C-NMR-Subspektren **Abb. 8 b-d**; das Zeichen ■ steht für eine CH-Bindung, O für eine CH-Beziehung über zwei oder drei Bindungen

	δ_C	7.04	6.48	6.45	6.32	5.81	5.39	3.96	3.89	3.81	2.50 2.78	2.46	2.19 2.50
C	167.4						O						
C	152.1			O					O				
C	147.2	O						O					
C	146.2		O		O	O							
C	145.3		O		O	O							
C	140.2	O					O		O				
C	129.9				O				O				O
C	124.3		O	O			O		O				O
C	119.1			O									
CH	118.1	■											
CH	117.5			■									
CH	108.0		■										
CH	107.3				■				O				
CH$_2$	100.5					■							
CH	82.5						■		O				
CH	65.5								■			O	
OCH$_3$	61.7							■					
OCH$_3$	56.3									■			
CH$_2$	48.7										■		
NCH$_3$	44.5											■	
CH$_2$	26.3				O								■

5β-Hydrastin, Konstitution
mit Zuordnung der ^{1}H- und ^{13}C-Verschiebungen
nach Tab. 1 aus Abb. 7 und 8
^{1}H-Verschiebungen *kursiv*

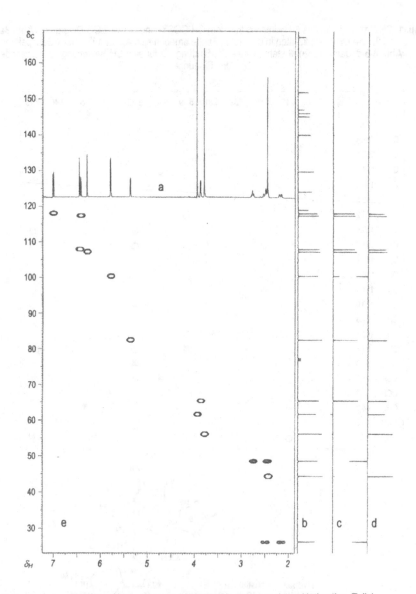

Abb. 8. Typischer NMR-Spektrensatz zur Konstitutionsbestimmung des β-Hydrastins, Teil 1,
(Probe: 15 mg, in 0.3 ml CDCl₃):
a) ¹H-NMR-Spektrum 400 MHz, CDCl₃-Lösung) parallel zur Abszisse;
b) ¹H-breitbandentkoppeltes ¹³C-NMR-Spektrum (100 MHz) parallel zur Ordinate;
c) Subspektrum aller CH-Fragmente (DEPT-Impulssequenz) parallel zur Ordinate;
d) Subspektrum aller CHₙ-Fragmente (CH und CH₃ : positive, CH₂ : negative Amplitude);
e) CH-COSY-Konturdiagramm zur Zuordnung aller CH-Bindungen

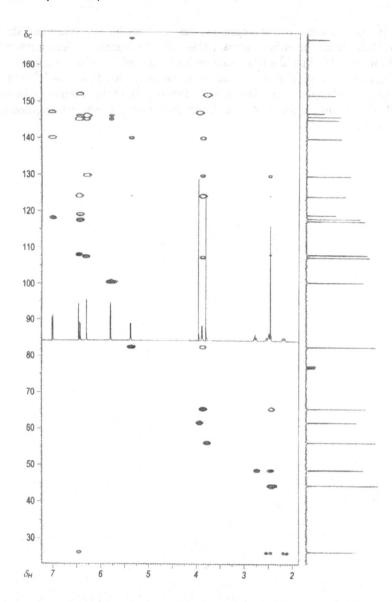

Abb. 9. Typischer NMR-Spektrensatz zur Konstitutionsbestimmung des β-Hydrastins, Teil 2, (Probe wie in Abb. 8): CH-COLOC- und CH-COSY-Konturdiagramm (CH-COLOC-Konturen hohl; CH-COSY-Konturen schwarz ausgefüllt) zur Bestimmung der CH-Beziehungen über zwei und drei Bindungen mit ^{1}H-NMR-Spektrum (400 MHz) parallel zur Abszisse und [1]H-breitband-entkoppeltem ^{13}C-NMR-Spektrum (100 MHz) parallel zur Ordinate

Das HH-COSY-Diagramm hat wegen der gleichen Verschiebungsskala auf Abszisse und Ordinate quadratisches Format (Abb. 10). Die Signale zweier Protonen H^A und H^X werden dabei auf die Diagonale projiziert; das gibt die *Diagonalsignale* mit den Koordinaten $\delta_A\delta_A$ und $\delta_X\delta_X$. Bestehen zwischen den Protonen H^A und H^X Kopplungsbeziehungen (z.B. eine *vicinale* über drei Bindungen hinweg), so zeigt das HH-COSY-Diagramm zusätzliche *Kreuzsignale* mit den gemischten Koordinaten $\delta_A\delta_X$ und $\delta_X\delta_A$ [16,17].

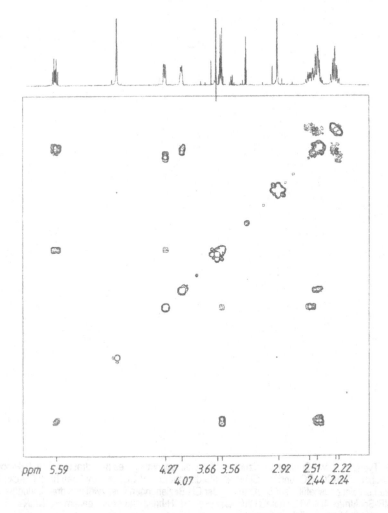

Abb. 10. HH-COSY-Diagramm des Cocain-Hydrochlorids (5 mg in CDCl₃, 400 MHz)

Im HH-COSY-Diagramm des Cocain-Hydrochlorids (Abb. 10 [18]) findet man z.B. für das Proton mit der Verschiebung δ_H = *5.59* Kreuzsignale bei δ_H = *3.56* und *2.44*. Weiß man außerdem aus dem CH-COSY-Diagramm und den CH-Multipletts, daß die Protonenpaare mit den Verschiebungen δ_H = *2.22* und *2.51* sowie δ_H = *2.24* und *2.44* zu zwei Methylen-Gruppen gehören, und daß bei δ_H = *2.44* die Protonen einer weiteren CH$_2$-Gruppe überlappen, so resultiert aus den Kreuzsignalen des HH-COSY-Diagramms die (fettgedruckte) Siebenring-Teilstruktur des Cocains.

Cocain (Hydrochlorid)
Siebenring-Teilstruktur
aus HH-COSY (Abb. 10)

3.5.2 Relative Konfiguration

In einer Teilstruktur WXCH–CHYZ ergibt sich die relative Konfiguration der Substituenten W, X, Y, Z aus den Kopplungskonstanten der *vicinalen* CH-Protonen im ^{1}H-NMR-Spektrum. *Drei Bindungen* trennen *vicinale* Protonen; dies sind zwei CH-Bindungen sowie die dazwischenliegende CC-Bindung; die Kopplungskonstante *vicinaler* Protonen wird daher als $^3J_{HH}$ bezeichnet. Nach der KARPLUS-CONROY-Cosinus^2-Beziehung ist $^3J_{HH}$ groß (*10 Hz* und größer), wenn die CH-Bindungen der beiden koppelnden Protonen einen Interplanarwinkel von 180° einschließen, die Protonen also *anti* zueinander stehen. Dagegen ist $^3J_{HH}$ klein (*7 Hz* und kleiner), wenn die CH-Bindungen der koppelnden Protonen einen Interplanarwinkel von 60° einschließen, die Protonen also *syn* zueinander stehen [16,17].

Im ^{1}H-NMR-Spektrum des Cocain-Hydrochlorids (Abb. 11a [18]) spaltet das Signal des CHO-Protons bei δ_H = *5.59* in ein Dublett mit *11.5 Hz* von Tripletts mit *7.0 Hz* auf. Daraus folgt, daß dieses Proton *anti* (*11 Hz*) zu einem Proton und *syn* (*7 Hz*) zu zwei weiteren Protonen steht. Diese Situation realisiert nur die Konfiguration A, in der das Proton am Alkoxy-C-Atom *axial* steht, so daß es eine *anti*-Kopplung zu einem der Methylen-Protonen bei δ_H = *2.44* gibt und zwei *syn*-Kopplungen zum anderen Methylen-Proton (δ_H = *2.44*) sowie zu dem Proton mit δ_H = *3.56* in α-Stellung zur Methoxycarbonyl-Gruppe. Invertierte der Piperidin-Ring in die Wannen-Konformation oder stünde das CHO-Proton *äquatorial* (Konfiguration B), so würden ausschließlich *syn*-Kopplungen von etwa *7 Hz* beobachtet, und das CH–O-Signal würde in ein Quartett (mit *7 Hz*) aufspalten. Stünde die Methoxycarbonyl-Gruppe *äquatorial*, so würde das Proton am Alkoxy-C-Atom in ein Triplett (mit zwei *anti*-Kopplungskonstanten von etwa *11 Hz*) von Dubletts (mit einer *syn*-Kopplungskonstanten von etwa *7 Hz*) aufspalten.

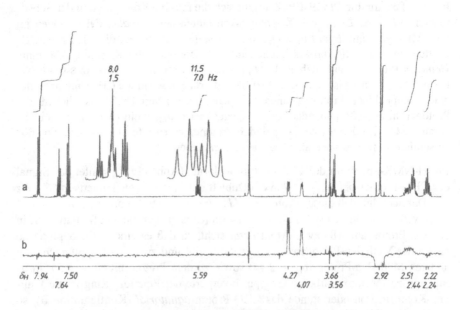

Die Frage, ob die *N*-Methyl-Gruppe des Cocain-Hydrochlorids wie gezeichnet *anti* zur Methoxycarbonyl-Gruppe steht oder *syn*, läßt sich nicht mit Hilfe von Kopplungskonstanten klären, da keine Kopplungen des NCH_3-Protonensignals beobachtet werden (Abb. 11a). Hier helfen NOE-Differenzspektren weiter, denn die als Kern-OVERHAUSER-Effekt (abgekürzt NOE von nuclear OVERHAUSER effect) bezeichnete Erhöhung der Signalintensität bei Entkopplungsexperimenten ist umso größer, je näher die von der Entkopplung betroffenen Protonen zusammenliegen.

Abb. 11. ^{1}H-NMR-Spektrum des Cocain-Hydrochlorids (400 MHz, CDCl₃-Lösung),
a) Routinespektrum mit gespreiztem Dublett von Tripletts bei δ_H = 5.59;
b) NOE-Differenzspektrum unter Entkopplung der *N*-Methyl-Protonen bei δ_H = 2.92

In Abb. 11 [18] beobachtet man bei Entkopplung des *N*-Methyl-Protonensignals (δ_H = 2.92) im NOE-Differenzspektrum eine Intensitätszunahme der Protonen-Signale bei δ_H = 2.44 bis 2.51. Demnach liegen die Protonen bei δ_H = 2.44 und 2.51 in räumlicher Nähe zur *N*-Methyl-Gruppe, so daß die gezeichnete Konfiguration stimmt. Stünde *N*-Methyl *syn* zur Methoxycarbonyl-Gruppe, so würde man nur eine Signalverstärkung für eines der Methylen-Protonen bei δ_H = 2.44 beobachten.

Die Ringverknüpfung (*cis* oder *trans*) in Alkaloiden läßt sich mit Hilfe der ^{15}N-chemischen Verschiebungen (gemessen gegen Ammoniak als Referenz) bestimmen. Diese Anwendung beruht auf der Wechselwirkung *axialer* nichtbindender (*n*-) Elektronenpaare am *N*-Atom tertiärer Amine mit *koaxialen* Alkyl-Gruppen in γ-Position. Beispiele sind die Indol-Alkaloide *Yohimbin* und *Reserpin*. Infolge der Wechselwirkung seines *n*-Elektronenpaars mit der γ-*koaxialen* Ring-*E*-Methylen-Gruppe hat das Brückenkopf-*N*-Atom im Reserpin mit *cis*-Verknüpfung der Ringe *D* und *E* eine deutlich kleinere ^{15}N-Verschiebung (δ_N = 31.9, δ_{NH_3} = 0) als im Yohimbin mit *trans*-Konfiguration der Ringe *D* und *E* (δ_N = 55.9) [20].

(+)-Yohimbin [in CDCl$_3$]   (–)-Reserpin [in (CD$_3$)$_2$SO]

Ferner bewirkt die sterische Wechselwirkung des *axialen* H-Atoms am Brückenkopf der Ringe *D* und *E* mit dem Indol-H des Ringes *B* eine kleinere ^{15}N-Verschiebung und spiegelt auf diese Weise auch die unterschiedliche Verknüpfung der Ringe *C* und *D* in Yohimbin (*trans*) und Reserpin (*cis*) wider.

3.5.3   Absolute Konfiguration

Die absolute Konfiguration asymmetrischer C-Atome in Alkaloiden läßt sich in der Regel nicht durch NMR-Spektroskopie bestimmen, weil sich die Spektren von *Enantiomeren* nicht unterscheiden. Zur Ermittlung der absoluten Konfiguration eignen sich chemische Abbaumethoden (Abschnitt 3.1.1) zu Referenzprodukten mit bekannter absoluter Konfiguration und deren Nachweis durch *Polarimetrie* sowie andere *chiroptische Methoden* (Circulardichroismus *CD* oder optische Rotationsdispersion *ORD*).

Das ändert sich, wenn die Alkaloide mehrere Asymmetriezentren enthalten. Dann gibt es *Diastereomere*, und diese unterscheiden sich durch ihre chemischen Verschiebungen in den NMR-Spektren [16,17].

Bei der Aufklärung des (+)-*Heliospathulins*, einem Pyrrolizidin-Ester-Alkaloid aus *Heliotropium spathulatum* (Boraginaceae) war z.B. zu klären, ob die sekundäre Alkohol-Funktion mit (*S,S*)-(–)-Viridiflorinsäure oder (*R,S*)-(–)-Trachelanthinsäure verestert ist. Die beiden Säuren zeigen als Diastereomere geringfügig verschiedene NMR-Spektren. Deutlich sind die Unterschiede der Isopropyl-Methyl-Gruppen. Wegen des benachbarten Asymmetriezentrums sind diese Methyl-Gruppen chemisch nicht mehr äquivalent (*Diastereotopie*) und geben separate ^{1}H- und ^{13}C-NMR-Signale. (*S,S*)-(–)-Viridiflorinsäure zeigt eine größere Diastereotopie der Methyl-Gruppen im ^{13}C-NMR-Spektrum ($\Delta\delta_C = 1.5$) als (*R,S*)-(–)-Trachelanthinsäure ($\Delta\delta_C = 0.3$). Die Verschiebungen ($\delta_C = 17.2$ und 15.7, $\Delta\delta_C = 1.5$) der Methyl-Signale des Heliospathulins zeigen, daß dieses Alkaloid ein Ester der (*S,S*)-(–)-Viridiflorinsäure ist [18]:

(–)-Viridiflorinsäureester   (–)-Trachelanthinsäureester

Heliospathulin

3.6   Kristallstrukturbestimmung

Lassen sich von einem Alkaloid geeignete Kristalle züchten, so kann die Molekülstruktur im Kristall durch RÖNTGEN-Beugung (RÖNTGEN-Diffraktometrie) [21] bestimmt werden.

Durch Beugung von RÖNTGEN-Strahlung an einem Kristall entsteht ein Beugungsbild, das die Molekülstruktur im Kristall widerspiegelt. Aus dem erhaltenen Datensatz von Reflexen werden mit Hilfe verschiedener Lösungswege (Algorithmen) die relativen Atomkoordinaten des Moleküls berechnet. Daraus ergeben sich die *Raumstruktur des Moleküls im Kristall*, seine *Kernabstände* (Atomabstände, Bindungslängen) sowie *Bindungswinkel*. Abb. 12 [22] zeigt das Ergebnis einer Kristallstrukturbestimmung eines aus *Berberis actinacantha* (Berberidaceae) isolierten Isochinolin-Alkaloids. Zur anschaulichen Darstellung des Ergebnisses wird aus dem Datensatz meist ein *Stereobild* berechnet (Abb. 12 c), so daß mit einer geeigneten Brille das dreidimensionale Bild der Raumstruktur betrachtet werden kann.

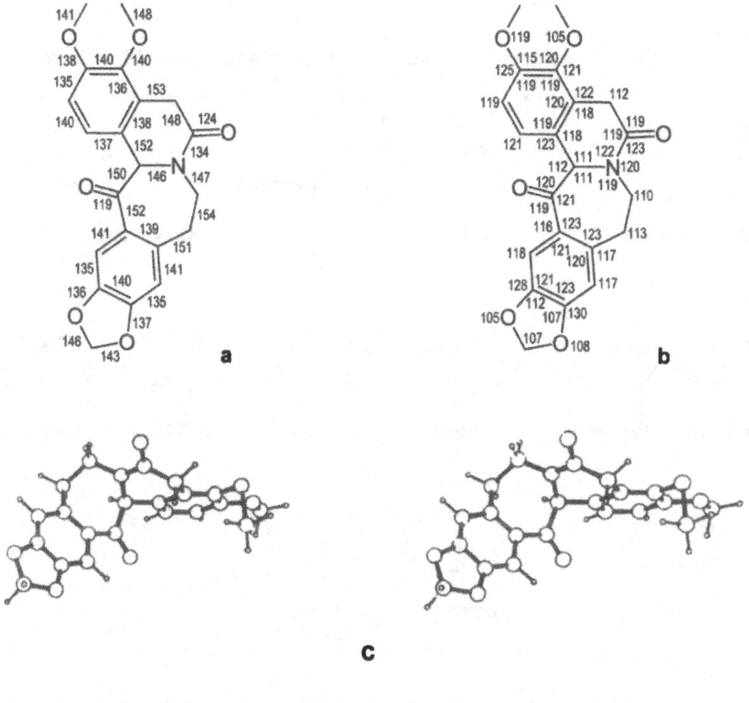

Abb. 12. Kristallstruktur eines Isochinolin-Alkaloids aus *Berberis actinacantha.* a) Atomabstände in pm (1 pm = 10⁻¹² m); b) Bindungswinkel in grad; c) Stereobild zur Betrachtung der dreidimensionalen Raumstruktur mit einer Stereobrille

4 *N*-Heterocyclische Alkaloide

Die meisten Alkaloide [1-8] enthalten Stickstoff-Heterocyclen als Grundskelette und können aufgrund dieser chemischen Merkmale klassifiziert werden. Tab. 2 skizziert die wichtigsten Stammheterocyclen der Alkaloide. Andererseits entstehen viele Alkaloide in Pflanzen und anderen Organismen aus bestimmten Aminosäuren, die sich als alternative, biochemische Klassifizierungskriterien eignen (Kapitel 6). Beide Kriterien führen oft zur gleichen Alkaloidklasse. So stammen die Isochinolin-Alkaloide biogenetisch überwiegend von der Aminosäure Tyrosin und die Indol-Alkaloide überwiegend von der Aminosäure Tryptophan ab. Die Klassifizierung nach Stammheterocyclen differenziert besser und soll daher dieses Kapitel gliedern. Eine gewisse Willkür läßt sich dabei nicht vermeiden, denn manche Alkaloide enthalten mehr als einen Heterocyclus, so daß die Qual der Wahl bleibt, nach welchem dieser Ringe klassifiziert wird, und wenn die Alkaloide terpenoide Teilstrukturen bzw. *Terpene* oder *Steroide* als Kohlenstoff-Grundskelette enthalten, so können sie auch diesen Naturstoffklassen zugeordnet werden.

Tab. 2. Einige Stickstoff-Heterocyclen, die Grundskelette zahlreicher Alkaloide sind

4.1 Azetidine, Pyrrolidine, Pyrrole

Kleine heterocyclische Ringe sind selten in Alkaloid-Strukturen. Bisher bekannt sind lediglich die **Penaresidine** [2]. Dabei handelt es sich um *Azetidin-Alkaloide*, die in den Giftsekreten einiger *Penares*-Arten vorkommen. Das sind Meeresschwämme aus dem Okinawa-Gebiet Ostasiens.

X = H, Y = OH : Penaresidin A
X = OH, Y = H : Penaresidin B

Pyrrolidin-Alkaloide [1] treten viel häufiger auf. Pfeffer, *Piper nigrum* (Piperaceae), enthält **3-Methoxyzimtsäurepyrrolid** als scharf schmeckendes Amid des Pyrrolidins. **Hygrin** und **Cuscohygrin** (Cuskhygrin, Bellardin) kommen in den Blättern des Coca-Strauches (*Erythroxylum coca*, Erythroxylaceae) und in den Wurzeln der Lampionblume *Physalis alkekengi* (Solanaceae) vor [3,23a]. Das vom Prolin abgeleitete, nach seiner Herkunft aus dem Ziest *Stachys sieboldi* (Labiatae) benannte **Stachydrin** (*N,N*-Dimethylpyrrolidinium-carboxylat) findet sich in mehreren Pflanzenfamilien (Asteraceae, Labiatae, Fabaceae, Liliaceae, Rutaceae).

3-Methoxyzimtsäurepyrrolid   (+) - Hygrin   Cuscohygrin (Cuskhygrin)   (−) - Stachydrin

Pyrrol-2-carbonsäuremethylester dient einigen Ameisenarten (*Atta* und *Acromyrmex,* Myrmicinae) als Spurpheromon [23b]. Mit *N*-**Alkyl-3-methylpyrrolidinen** locken die Weibchen der Sklavenhalterameise (*Harpagoxenus sublaevis*) paarungsbereite Männchen an. Andere Ameisenarten (*Solenopsis* und *Monomorium*) produzieren in ihren Giftdrüsen verschiedene **2,5-Dialkylpyrrolidine** [23c]. Das Wehrsekret der Pharaoameise *Monomorium pharaoensis* enthält z.B. *trans*-5-(Hex-1-en-5-yl)-2-pentylpyrrolidin.

R = – (CH₂)₂–CH(CH₃)₂
  – (CH₂)₂–SCH₃
  – (CH₂)₂–C₆H₅

Pyrrol-2-carbonsäure-
methylester

(*R*)-*N*-Alkyl-3-methylpyrrolidine

trans-5-(Hex-1-en-5-yl)-2-pentylpyrrolidin

Zu den *bicyclischen Pyrrolidin-Alkaloiden* gehört (–)-**Mesembrin** und sein Funktions-Isomer **Mesembrenol** [24] aus *Sceletium tortuosum* (Aizoaceae, Eiskrautgewächse) ; die früher als *Mesembryanthemum* bezeichnete Pflanze wächst im Süden Afrikas und wird dort zur Zubereitung der halluzinogenen Droge *Channa (Kanna)* [25,26] verwendet. Das sesquiterpenoide (–)-**Dendrobin** und das spirocyclische **Shihunin** [1,2] sind Inhaltsstoffe der Orchidee *Dendrobium pierardii*.

(–) - Mesembrin   Mesembrenol   (–) - Dendrobin   Shihunin

4.2 Piperidine

Piperin, das Hauptalkaloid und zugleich der scharfe Geschmackstoff des schwarzen Pfeffers (*Piper nigrum*, Piperaceae) [1], ist das Piperidid der Piperinsäure, das zur „Schärfung" alkoholischer Getränke (Brandy) und als Insektizid Verwendung findet [25]. Der Schierling (*Conium maculatum, Umbelliferae*) enthält 2-alkylierte Piperidine [1,3,11] wie γ-**Conicein** und das hochtoxische (–)-**Coniin** [(*R*)-(–)-2-Propylpiperidin]; wäßrige Schierling-Auszüge wurden bereits von den Giftmischern der Antike verabreicht, u.a. an SOKRATES (399 v. CHR.). Das leicht racemisierende, toxische (*R*)-(–)-**Pelletierin** gehört zu den wurmtreibenden Alkaloiden aus der Wurzelrinde des Granatapfelbaumes *Punica granatum* (Punicaceae) [1]. 2-Monosubstituierte, in der Seitenkette hydroxylierte Piperidine wie (–)-**Sedamin**, Scharfstoff des scharfen Mauerpfeffers *Sedum acre* (Crassulaceae), verkörpern das Bauprinzip der *Sedum*-Alkaloide [1,2].

Piperin   γ-Conicein   (–) - Coniin   (*R*)-(–) - Pelletierin   (–) - Sedamin

(–)-**Lobelin**, ein Derivat des *N*-Methylpiperidins, wird aus dem als Asthmagras oder Brechkraut bezeichneten Indianertabak *Lobelia inflata* (Campanulaceae) isoliert [1] und zur Atemanregung sowie Tabakentwöhnung verwendet. Feuerameisen (*Solenospsis xenovenenum*, Myrmicinae) produzieren auch für den Menschen toxische, antibakteriell, fungizid und insektizid wirkende **2-Alkyl-6-methylpiperidine** [23b]. Toxische 2,6-disubstituierte Piperidine wie das als **Pinidin** bekannte (–)-2(*R*)-*cis*-2-Methyl-6(*R*)[(*E*)-1-propenyl]piperidin kommen in allen untersuchten Kiefern- (*Pinus*) und Fichten-Arten (*Picea*) vor (*Pinus*-Alkaloide) [2]; sie wirken wahrscheinlich als Fraßhemmer gegenüber Herbivoren.

(–) - Lobelin

n = 8, 10, 12, 14
Alkyl-Gruppen *cis*- und *trans*-
2-Alkyl-6-methylpiperidine

(–) - Pinidin

Vertreter *bicyclischer Piperidin-Alkaloide* sind (+)-α-**Skytanthin**, ein Azairidoid-Monoterpen aus *Skytanthus acutus* (Apocynaceae) [3], sowie **Histrionicotoxin A** und sein Perhydro-Derivat [11] mit 1-Azaspiro[5,5]undecan-Kernstruktur, mäßig toxische Hautabwehrsekrete des kolumbianischen Frosches *Dendrobatus histrionicus*. Einige anderere Pfeilgiftfrösche (Dendrobates, Epipedobates, Phyllobates) produzieren 15 weitere Derivate mit teilhydrierten Seitenketten, um sich ihre Feinde vom Leibe zu halten. Piperidin-Alkaloide mit 2-Azaspiro[5,5]undecan-Grundskelett wie (–)-**Nitramin** und (–)-**Sibirin** finden sich in *Nitraria schoberi* und *N. sibirica* (Zygophyllaceae) [2].

(+) - α-Skytanthin

Histrionicotoxin

(+) - Nitramin

(–) - Sibirin

(+)-**Carpain**, das Alkaloid aus den im Gegensatz zu den Früchten (Papayas) toxischen Blättern des Melonenbaumes *Carica papaya* (Caricaceae) [2,25], ist ein symmetrisches, makrocyclisches Dilactid der 8-(2-Methyl-3-hydroxypiperidin-6-yl)-octansäure. Es wirkt amöbizid, *in vitro* antineoplastisch und verlangsamt die Schlagfolge des Herzens (Bradykardie).

(+) - Carpain

4.3 Pyridine

Substituierte 2-Pyridone wie **Ricinin, Ricinidin** und **Nudiflorin** sind Inhaltstoffe des aus den Samen von *Ricinus communis* (Euphorbiaceae) [1,11], gepreßten Ricinus-Öls, das auch das toxische Proteingemisch Ricin enthält und daher seine frühere Bedeutung als Abführmittel verloren hat. **Anibin** und **Duckein** wurden aus *Aniba duckei* (Lauraceae) isoliert.

| Nudiflorin | Ricinidin | Ricinin | Anibin | Duckein |

In Bockshornklee-Arten *Trigonella* (Fabaceae) ist das zwitterionische Nicotin-säure-Derivat **Trigonellin** weit verbreitet. *N*-Methyl-1,2,5,6-tetrahydronicotinsäure und deren Methylester, das **Arecolin** sind Wirkstoffe der Betelnuß *Areca catechu* (Palmaceae) [1,11]; die nicht ganz reifen, geschälten Betelnüsse werden vor allem in Ostasien meist mit etwas Kalk gekaut („Betelbissen") und regen dann ähnlich wie Tabak das Nervensystem an [26]. Chronischer Mißbrauch schädigt das Gebiß und führt zu Geschwüren im Mund-Rachen-Bereich. Arecolin selbst wirkt antihelmintisch [25].

Gentianin wurde zunächst als Inhaltstoff vieler Enziangewächse beschrieben. Sorgfältigere Isolierungen der Wirkstoffe zeigten jedoch, daß sich Gentianin meist als Artefakt bei der Aufarbeitung aus den genuinen Dihydropyranglucosiden wie Gentiopicrosid durch Reaktion mit Ammoniak gebildet hatte. Nur *Gentiana fetisowii* (Gentianaceae) enthält Gentianin in höherer Konzentration [3].

Trigonellin   Arecolin   Gentianin   Gentiopicrosid

Wohlbekannt und gut untersucht sind die Alkaloide der Tabakpflanze [1,3,11], die zur Erinnerung an den Gesandten Frankreichs in Portugal, JEAN NICOT DE VILLEMAIN, der die Samen um 1560 nach Paris brachte, nach CARL VON LINNÉ *Nicotiana tabacum* (Solanaceae) genannt wird [3]. Neben den Hauptalkaloiden (–)-**Nicotin** und (–)-**Anabasin** sind **Nornicotin**, die Bipyridin-Derivate (–)-**Anatabin** und 2,3-**Bipyridin** sowie die Terpyridine **Nicotellin** und (–)-**Anatallin** Inhaltsstoffe der Tabakpflanze. Myosmin und Cotidin bilden sich u.a. beim Rauchen des Tabaks.

(–) - Nicotin   (–) - Nornicotin   Myosmin   Cotidin

(–) - Anabasin   (–) - Anatabin   2,3-Bipyridin   Anatallin   Nicotellin

Das linksdrehende (–)-(*S*)-Nicotin regt das Nervensystem an, verengt die Blutgefässe, steigert infolgedessen den Blutdruck und wird zur Raucherentwöhnung angewendet (Nicotinpflaster). Die für den Menschen tödliche Dosis liegt bei 1 mg / kg Körpergewicht [25]. In größerem Maßstab wird es aus Tabakabfällen isoliert und dient wie Anabasin als Insektizid.

Zur Produktion des Tabaks werden die großen Blätter der Tabakpflanze geerntet, bis zur Gelbfärbung getrocknet und mehrere Monate unter gelegentlicher Befeuchtung mit Tabaklauge gelagert, wobei sich unter Fermentierung der würzige Geruch entwickelt. Im Tabakrauch sind über 1000 Verbindungen gas-chromatographisch nachweisbar (darunter auch cancerogene polycyclische Aromaten wie Benzo[a]pyren) [3], von denen weniger als 400 identifiziert sind [26].

Dem Nicotin und Anabasin auffallend ähnlich ist (–)-**Epibatidin** aus dem in Ecuador heimischen Giftfrosch *Epipedobates tricolor* [2,25,27]. Es wirkt einerseits intensiver schmerzbetäubend als (–)-Morphin (Faktor 100), bindet jedoch nicht an die Opioid-Rezeptoren im Zentralnervensystem, sondern noch stärker als (–)-Nicotin am Acetylcholin-Rezeptor und senkt entsprechend deutlich die Körpertemperatur.

(–) - Epibatidin

4.4 Tropane

Tropan-Alkaloide [1,28] sind Derivate des 8-Methyl-8-azabicyclo[3.2.1]octans (Tropan). Sie kommen als Inhaltsstoffe zahlreicher Nachtschattengewächse (Solanaceae) und einiger *Erythroxylum*-Arten vor. Man unterteilt sie in die *Atropin*- und *Cocain-Gruppe*. Die Bausteine der Atropin-Gruppe sind Tropan-3α-ol und Tropasäure.

Nortropan | Tropan (8-Methyl-8-aza-bicyclo[3.2.1]octan) | Tropan-3α-ol | Tropan-3β-ol | (S)-(–) - Tropasäure

(–)-**Hyoscyamin** aus Bilsenkraut (*Hyoscyamus niger,* Solanaceae) ist der Ester aus (S)-(–)-Tropasäure und Tropan-3α-ol. Die nach ατροπος, einer der Schicksalsgöttinnen in der griechischen Mythologie, benannte Tollkirsche *Atropa belladonna*

(Solanaceae), deren Extrakte seit der Antike weiblichen Schönheiten (*bella donna*) zur Befeuerung des Blicks durch Pupillenerweiterung in die Augen geträufelt wurden, enthält das als **Atropin** bekannte, *racemische* Hyoscyamin. Im (–)-**Scopolamin** aus der Engelstrompete *Datura suaveolens*, der Alraunenwurzel *Mandragora officinarum*, und aus *Scopolia*-Arten (Solanaceae) erweitert ein in 6,7-Stellung angeknüpfter Oxiran-Ring das Tropan-Skelett des Atropins zum Heterotricyclus. Engelstrompete und Bilsenkraut enthalten auch **Aposcopolamin**, das durch Dehydratisierung des Scopolamins entsteht.

(*R,S*) - Tropasäureester : Atropin
(*S*)- (–) - Tropasäureester : (–) - Hyoscyamin

(–) - Scopolamin

Aposcopolamin

Atropin wird nicht mehr zur Pupillenerweiterung in der Augenheilkunde angewendet, da diese Wirkung erst nach Tagen abklingt; es dient dagegen zur Prämedikation in der Anästhesiologie [25] und als Antidot bei Vergiftungen durch die als Pflanzenschutzmittel eingesetzten organischen Phosphorsäureester; Scopolamin wirkt beruhigend und narkotisierend [25]. Zubereitungen der Blätter von *Atropa belladonna* und *Hyoscyamus niger* werden gelegentlich zur Behandlung von Spasmen im Gastrointestinaltrakt verwendet.

Komplexere Alkaloide mit Tropan-3α-ol-Einheiten finden sich in den Schmetterlingsblumen *Schizanthus* (Solanaceae) [29] der chilenischen Bergregionen, z.B. das **Schizanthin** aus *Schizanthus grahamii*, in dem zwei 6β-Hydroxytropan-Angelicasäureester in 3α- und 3'α-Stellung mit Mesaconsäure zum Diester verknüpft sind.

Angelicasäureester

Mesaconsäurediester

Angelicasäureester

Schizanthin

Die als **Ecgonin** bezeichnete Tropan-3β-ol-2-carbonsäure verkörpert das Grundskelett der Cocain-Gruppe. Einfachster und bedeutendster Vertreter ist (–)-**Cocain**;
die korrekte Bezeichnung seiner Konstitution, absoluten und relativen Konfiguration ist (2*R*,3*S*)-2β-Methoxycarbonyl-3β-benzoyloxytropan. Dementsprechend entstehen durch Hydrolyse des Cocains Ecgonin sowie Methanol und Benzoesäure.

$$+ 2\,H_2O\ (OH^-)$$
$$-\ C_6H_5CO_2H$$
$$-\ CH_3OH$$

(–) - Cocain

(–) - Ecgonin

Ecgoninmethylester

Benzoylecgonin

(–)-Cocain ist, neben Hygrin-Derivaten (S. 27) und einigen anderen Estern des
Ecgonins, das Hauptalkaloid der Blätter des Cocastrauches *Erythroxylum coca*
(Erythroxylaceae) [1], der in den Anden (Bolivien, Columbien, Peru) kultiviert und
dort bis zu 5 m hoch wird. Die den Lorbeerblättern ähnlichen, länglich-ovalen,
etwa 5 cm langen, oben dunkelgrünen, unten graugrünen, teeähnlich riechenden,
getrockneten Cocablätter enthalten bis zu 2.5 % Alkaloide mit Hauptbestandteil
(–)-Cocain. Zur einfachen Herstellung größerer Mengen von (–)-Cocain in Form
seines stabilen Hydrochlorids wird das im Alkohol-Extrakt der Cocablätter enthaltene Ecgonin-Ester-Gemisch zunächst zum Ecgonin hydrolysiert, das erst mit Methanol in den Methylester und dann mit Benzoylchlorid in (–)-Cocain-Hydrochlorid
übergeführt wird.

(–)-Cocain-Hydrochlorid diente früher als Lokalanästhetikum [25]. Als illegales, stark
suchterregendes Rauschmittel wird es wegen seiner vorübergehend leistungs-
fördernden, euphorisierenden Wirkung geschnupft, geraucht oder intravenös gespritzt, auch zu „Doping"-Zwecken im Hochleistungssport [26,30]. Es erregt das Nervensystem, verengt die Gefäße und erhöht demzufolge den Blutdruck. Verminderte
Muskeldurchblutung, infolgedessen Abbau der quergestreiften Muskulatur und
Gliederschmerzen, Schlaganfälle und Nierenversagen sind die bisher bekannten
Nebenwirkungen [30]. Im Körper wird Cocain zu den im Urin nachweisbaren Haupt-
metaboliten Benzoylecgonin und Ecgoninmethylester abgebaut. Nebenmetaboliten
sind Ecgonin und Norcocain, das Demethylierungsprodukt.

Die weltweit bekannte braune Limonade enthielt ursprünglich etwas Extrakt aus
den Cocablättern. In der Nähe der Anbaugebiete des Cocastrauches in Lateinameri-
ka (Ecuador, Kolumbien, Peru, Hochlagen der Anden) wickeln Minenarbeiter Kalk

oder Pflanzenasche in getrocknete Coca-Blätter ein und kauen den so vorbereiteten „Cocabissen", um ihre Arbeit besser zu verkraften; dabei wird der labile Diester (–)-Cocain großenteils zu Ecgonin verseift, das zwar anregend und leistungsför- dernd, jedoch weniger psychoaktiv und suchterregend wirkt als (–)-Cocain.

Calystegine [2] sind Polyhdroxytropan-Alkaloide. Sie kommen in den weit verbreite- ten Winden wie *Calystegia sepium* (Convolvulaceae), in *Atropa-* und *Hyoscyamus-* Arten (Solanaceae) vor. Wie andere Polyhydroxy-Alkaloide (S. 38) wirken sie als Glycosidase-Hemmer.

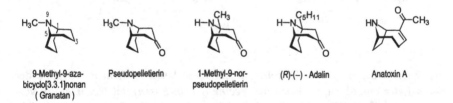

Calystegin A_3 Calystegin B_1 Calystegin B_2

Das Ringhomologe des Tropans, 9-Methyl-9-azabicyclo[3.3.1]nonan (Granatan), ist das Grundskelett von **Pseudopelletierin** (ψ-**Pelletierin**) [1]. Es kommt als Haupt- alkaloid in der Wurzelrinde des Granatapfelbaums vor (*Punica granatum*, Punica- ceae). Zubereitungen der Wurzelrinde, die auch Piperidin- und Pyridin-Alkaloide enthält, werden als Bandwurmmittel angewendet [25]. Der successive HOFMANN- Abbau dieses Alkaloids führt zum Cyclooctatetraen. Das isomere **1-Methyl-9-nor- pseudopelletierin** findet sich in der australischen Euphorbiaceae-Art *Euphorbia atoto*. Die Weibchen des europäischen Marienkäfers *Adalia bipunctata* produzieren (*R*)-(–)-**Adalin** [1,11] als Abwehr-Sekret.

9-Methyl-9-aza-   Pseudopelletierin   1-Methyl-9-nor-   (*R*)-(–) - Adalin   Anatoxin A
bicyclo[3.3.1]nonan   pseudopelletierin
(Granatan)

Auf ein Ringisomer des 9-Azabicyclo[3.3.1]nonans als Grundskelett eines Neuro- toxins haben sich verschiedene Stämme der in offenen Gewässern gedeihenden Cyanobakterien *Anabaena flos-aquae* (Cyanobakterien) spezialisiert. Sie vergiften diese Gewässer mit den *Anatoxinen* [2,25]; unter diesen ist (1*R*,6*R*)-2-Acetyl-9-aza- bicyclo[4.2.1]non-2-en als *Anatoxin A* bekannt.

4.5 Pyrrolizidine, Indolizidine, Chinolizidine

4.5.1 Pyrrolizidine

Pyrrolizidin-Alkaloide [1,31-34] wurden aus mehreren weltweit verbreiteten Pflanzenfamilien (Asteraceae, Apocynaceae, Boraginaceae, Euphorbiaceae, Poaceae, Fabaceae, Orchidaceae, Ranunculaceae, Scrophulariaceae) isoliert. Es gibt zwei Gruppen von Pyrrolizidin-Alkaloiden, *freie Pyrrolizidine* und *Ester-Alkaloide*.

Selten sind freie Pyrrolizidin-Alkaloide wie (–)-**Retronecanol** aus *Crotalaria*-Sträuchern (Fabaceae), das tricyclische **Lolin** [32] aus dem Lolch *Lolium cuneatum* (Poaceae), das **Tussilagin** aus Huflattich *Tussilago farfara* (Asteraceae), das Sexualpheromon **Danaidon** einiger *Danaus*-Schmetterlinge (Danainae) sowie **Monomorin I**, das Spurpheromon der Pharaoameise *Monomorium pharaoensis* (Myrmicinae) [3,23b] Die Giftdrüse der roten Feuerameise *Solenospsis xenovenenum* enthält das fungizide **Xenovenin**; dieses Alkaloid findet sich auch im Hautsekret des panamesischen Farbfrosches *Dendrobates auratus*, der u.a. Feuerameisen frißt [3].

(–) - Retronecanol   (+) - Lolin (Dihydrochlorid)

(–) - Tussilagin   Danaidon   Monomorin I   Xenovenin

Die meisten der etwa 500 Pyrrolizidin-Alkaloide lassen sich in die Gruppe der *Necin-Ester* einordnen, in denen die *Necine* (*Necin-Basen*) mit *Necinsäuren* verestert sind [33,34]. Die Bezeichnung *Necin* leitet sich von den *Senecionae* ab; allein aus diesen zu den Korbblütlern (Asteraceae, früher Compositae) gehörenden Kreuzkraut-Arten wurden über 100 Pyrrolizidin-Ester-Alkaloide isoliert, die als *Senecio*-Alkaloide bezeichnet werden.

Die *Necine* stammen vom 1-Hydroxymethylpyrrolizidin ab, von dem es wegen der beiden Asymmetriezentren vier Stereoisomere gibt, die Enantiomerenpaare des Isoretronecanols und Trachelanthamidins. In den Enantiomeren des Supinidins ist die 1,2-Stellung dehydriert.

(+) -   (–) -   (+) -   (–) -   (+) -   (–) -
Isoretronecanol   Trachelanthamidin   Supinidin

Zusätzliche Hydroxy-Gruppen, meist am tetraedrischen Ring-C-Atom C-7, aber auch an C-2, C-3 und C-6 (z.B. in **Platynecin**, **Rosmarinecin**, **Retronecin** und **Heliotridin**), erhöhen die Vielfalt der Necine.

(–) - Platynecin   (–) - Rosmarinecin   (+) - Retronecin   (+) - Heliotridin

Einfache Necinsäuren sind die 3-Methyl-2-butensäure sowie die *cis-trans*-Isomere der 2-Methyl-2-butensäure (Angelicasäure mit *cis*- und Tiglinsäure mit *trans*-Konfiguration von Carboxy- und Methyl-Gruppe). Komplexere Necinsäuren sind u.a. die Diastereomeren Viridiflorinsäure und Trachelanthinsäure der 2-Isopropyl-3-hydroxybutansäure, oder Dicarbonsäuren wie (2*R*,3*R*)-5-Ethyliden-2-hydroxy-2,3-dimethylhexandisäure sowie 2-Hydroxy-2-benzylbutandisäure.

(–) - Viridiflorinsäure   (–) - Trachelanthinsäure   2,3-Dimethyl-2-hydroxy-5-ethyliden-hexandisäure   2-Hydroxy-2-benzyl-butandisäure

Beispiele für *Monoester* sind die Viridiflorinsäureester **Lycopsamin** und **Heliospathulin** aus *Heliotropium spathulatum* und anderen *Heliotropium*-Arten (Boraginaceae) sowie **Phalaenopsin** aus der Orchidee *Phalaenopsis amabilis* (Orchidaceae) [33,34].

(+) - Lycopsamin   (+) - Heliospathulin   Phalaenopsin

(–)-**Monocrotalin** aus *Crotalaria*-Stäuchern (Fabaceae) ist der *cyclische Diester* aus Retronecin und (2*R*,3*R*,4*R*)-2,3-Dihydroxy-2,3,4-trimethylpentandisäure. (–)-**Senecionin**, der cyclische Diester aus Retronecin und (2*R*,3*R*)-5-Ethyliden-2-hydroxy-2,3-dimethylhexandisäure kommt in zahlreichen *Senecio*-Arten (Asteraceae) vor. Huflattich (*Tussilago farfara*, Asteraceae) enthält (–)-**Seneciphyllin** neben Senecionin. **Rosmarinin**, der cyclische Diester des (–)-Rosmarinecins, ist ein Inhaltsstoff des Kreuzkrauts *Senecio rosmarinifolius* [33].

(–) - Monocrotalin   (–) - Senecionin   (–) - Seneciphyllin   Rosmarinin

Vor allem die Necin-Alkaloide, deren Heterobicyclus eine CC-Doppelbindung in 1,2-Stellung enthält, sind für Mensch, Säugetiere und Vögel hochtoxisch bis cancerogen [34]. Die Cancerogenese beruht wahrscheinlich auf der Vernetzung der DNA-Stränge durch zweifache S_N-Reaktion mit Nucleobasen.

4.5.2   Indolizidine

Indolizidin-Alkaloide [1] treten nicht nur in höheren Pflanzen, sondern auch als Pilz- und Bakterienmetaboliten auf. **Slaframin**, ein parasympatomimetisch wirkendes 1-Acetoxy-6-aminoindolizidin, und das zuerst in *Swainsona canescens* (Fabaceae) gefundene Azamannose-Derivat (–)-**Swainsonin**, ein D-Mannosidase-Inhibitor [35], werden aus dem phytopathogenen Pilz *Rhizoctonia leguminicola* gewonnen. (–)-Swainsonin wirkt antineoplastisch und löst bei Weidetieren nach dem Fraß den Locoismus aus. Das strukturverwandte (+)-**Castanospermin** aus den kastanienartigen, giftigen Samen des ostaustralischen Leguminosenbaums *Castanospermum australe* (Fabaceae) wirkt *in vitro* antiviral gegen HIV und *Herpes simplex* [2,25]. **Myrmicarin 237A** findet sich im Sekret der Ameise *Myrmicaria eumenoides* (Myrmicinae) [36].

Slaframin   (–) - Swainsonin   (+) - Castanospermin   Myrmicarin 237A

Das schleimige Hautsekret des Pfeilgiftfrosches *Dendrobates pumilio* ist ein Cocktail von etwa 50, als **Pumiliotoxine** [2,3] bezeichneten Indolizidin-, Chinolizidin- und Decahydrochinolin-Alkaloiden. Hauptkomponenten sind die kardio- und myotonisch wirkenden terpenoiden Indolizidine Pumiliotoxin A und B.

Die in Nordamerika als „morning glory" [26] bekannten, beim Verspeisen größerer Mengen halluzinogen wirkenden Samen der in Mexiko wachsenden Trichterwinde *Ipomoea violacea* (Convolvulaceae) enthalten neben Lysergsäure-Derivaten (S. 51) dehydrierte 7-Methyl-6-(*p*-hydroxyphenyl)indolizidine (*Ipomoea*-Alkaloide [2]). Beispiele sind **Ipalbidin**, sein β-Glucosid Ipalbin, und das Immonium-Salz **Ipohardin**.

R = H : (+) - Pumiliotoxin A
R = OH : (+) - Pumiliotoxin B

Ipalbidin

Ipohardin

Die Blätter und Wurzeln der im chinesisch-russischen Ussuri-Gebiet wachsenden Wolfsmilch-Arten *Securinega suffruticosa* und *S. virosa* (Euphorbiaceae) enthalten tetracyclische Indolizidine mit Butenolid-Teilstrukturen. (–)-**Securitinin**, (–)-**Securinin**, sein Epimer (+)-Virosecurinin und (+)-Norsecurinin sind eine Auswahl dieser *Securinega-Alkaloide* [2]. (–)-Securinin stimuliert das Zentralnervensystem.

(–) - Securitinin

(+) - Virosecurinin

(–) - Securinin

(+) - Norsecurinin

Aus den in Ostasien, auf den pazifischen Inseln, Neuseeland und Australien wachsenden immergrünen Ölfruchtbäumen *Elaeocarpus reticulatus* und verwandten Arten stammen die *Elaeocarpus-Alkaloide* [37] wie **Elaeocanin A, Elaeocarpin**, dessen Tetrahydro-Derivat und **Elaeocarpidin**. Letzteres verkörpert sowohl ein

Azaindolizin- als auch ein Indol-Alkaloid, das biogenetisch offensichtlich von Tryptamin und Pyrrolin mit einer C_3-Seitenkette abstammt.

| Elaeocanin A | Tetrahydroelaeocarpin | Elaeocarpin | Elaeocarpidin |

Mehrere **Phenanthroindolizidine** wurden aus Pflanzen der Familie Asclepiadaceae isoliert. (–)-**Tylophorin** und das antineoplastisch wirkende (–)-**Tylocrebrin** sind z.B. die Hauptalkaloide von *Tylophora asthmatica* und *Tylophora crebriflora* [38]. (–)-**Septicin**, das *seco*-Tylophorin (mit geöffnetem Phenanthrolin-Ring, daher *seco*-) ist ein Nebenalkaloid aus *Tylophora asthmatica*.

| (–) - Tylophorin | (–) - Tylocrebrin | (–) - Septicin |

Sowohl zu den Indolizidin- als auch zu den Isochinolin-Alkaloiden zählen die spirocyclischen **Erythrina-Alkaloide** [39] aus verschiedenen *Erythrina*-Arten, z.B. aus dem Korallenstrauch *Erythrina crista-galli* L. (Schmetterlingsblütler, Fabaceae). Man unterscheidet drei Strukturtypen; (+)-**Erysodin** ist ein Dienoid-, (+)-**Erythratin** ein Enoid-Alkaloid; die Regioisomeren (+)-α- sowie (+)-β-**Erythroidin** sind dienoide Lactone. *Erythrina*-Alkaloide wirken diuretisch, hypotensiv, laxativ, sedativ und muskelrelaxierend; (+)-β-Erythroidin dient z.B. als Muskelrelaxans.

| (+) - Erysodin | (+) - Erythratin | (+) - α-Erythroidin | (+) - β-Erythroidin |
| (Dienoid-) | (Enoid-) | (Lacton-Alkaloide) | |

Die in Ostasien wachsende Kopfeibe *Cephalotaxus harringtoniana* (Taxaceae) enthält pentacyclische **Homoindolizidin-Alkaloide** (*Cephalotaxus*-Alkaloide) [2] wie (–)-**Cephalotaxin** und sein Desoxy-Derivat, sowie (–)-**Cephalotaxinon**. Weitere vom (–)-Cephalotaxin abgeleitete Ester-Alkaloide wie (–)-**Harringtonin** und (–)-**Homoharringtonin** hemmen die Protein- und DNA-Biosynthese, wirken antineo-plastisch und antileukämisch; daher werden sie gegen myeloische (vom Knochen-mark ausgehende) Leukämie eingesetzt.

(–) - Desmethylcephalotaxin

R^1= H, R^2 = OH : (–) - Cephalotaxin
R^1, R^2 = O : (–) - Cephalotaxinon

R = OH, n = 2 : (–) - Harringtonin
R = H, n = 2 : (–) - Desoxyharringtonin
R = OH, n = 3 : (–) - Homoharringtonin

4.5.3 Chinolizidine

Chinolizidin-Alkaloide [1] sind fraßhemmende Inhaltsstoffe vieler Schmetterlings-blütler (Fabaceae, traditionell Leguminosae oder Papilionaceae) [40]. Zu den ein-fachsten Vertretern zählen die in den Lupinen (*Lupinus luteus*) und anderen Faba-ceae auch als Ester vorkommenden [41] 5-Hydroxymethylchinolizidine (–)-**Lupinin** und (+)-*epi*-**Lupinin**.

(–) - Lupinin

(+) - *epi*-Lupinin

(+)-**Nupharidin**, ein genuines Chinolizidin-*N*-oxid, kommt zusammen mit der Stammverbindung (–)-**Desoxynupharidin** der *Nuphar-Alkaloide* [42] im Rhizom der gelben Teichrose *Nuphar luteum* (Nymphaeaceae) vor. Es ist zwar ein der Isopren-

Regel folgendes *Furansesquiterpen* (C_{15}-Kohlenstoff-Skelett), wird aber traditionell als Chinolizidin-Alkaloid klassifiziert.

(+) - Nupharidin   (–) - Desoxynupharidin

Lythraceae-Alkaloide[2] wie (–)-**Lasubin I**, (+)-**Lythrin** und (+)-**Lythrancin II** sind formal 2-Arylchinolizidine. Sie finden sich in Weiderich-Gewächsen, z.B. in *Heimia salicifolia* (Lythraceae), aus dem die Mayas in Mexiko ein leicht berauschendes Getränk (Sinicuiche) zubereiten. Einige dieser Alkaloide wirken im Tierversuch blutdrucksenkend, diuretisch, entzündungshemmend und fungizid[2]; eine berauschende Wirkung wurde bisher nicht nachgewiesen.

(–) - Lasubin I   (+) - Lythrin   (+) - Lythrancin II

Das antiarrhythmisch und wehenfördernd wirkende (–)-**Spartein** aus Besenginster (*Cytisus scoparius*, Fabaceae) und sein toxisches Enantiomer (+)-**Pachycarpin** aus verschiedenen Fabaceae sind die Stammverbindungen einer Gruppe *tetracyclischer Chinolizidin-Alkaloide*[1], z.B. der 2-Oxo-Derivate (+)-**Lupanin** und (–)-**Anagyrin**. Racemisches Lupanin (2-Oxospartein) lässt sich aus den weißen, sein (+)-Enantiomer aus den blauen Lupinen isolieren. Das cardiotonisch wirkende (–)-Anagyrin findet sich in *Anagyris*- und *Lupinus*-Arten (Fabaceae). (–)-**Camoensidin** aus dem im Nordosten Chinas wachsenden Baum *Maackia amurensis* (Fabaceae)[2] entsteht, zumindest formal, durch Ringverengung des 2-Oxosparteins.

(–) - Spartein   (+) - Lupanin   (–) - Anagyrin   (–) - Camoensidin

Durch Ringöffnung und Abbau der 2-Oxosparteine bilden sich wahrscheinlich die Tricyclen **Angustifolin, Cytisin** und **Tinctorin** [1,2]. Beide Enantiomere des Angustifolins kommen in *Cytisus-, Lupinus-* und *Ormosia*-Arten vor; (–)-Cytisin, das toxische Hauptalkaloid des Goldregens (*Laburnum anagyroides*, früher *Cytisus laburnum*), findet sich in zahlreichen Schmetterlingsblütlern. Es wirkt ähnlich wie Nicotin in geringer Dosis anregend bis halluzinogen, in höheren Dosen atemlähmend [26]. (–)-Tinctorin wurde aus verschiedenen Ginster-Arten (*Genista*, Fabaceae) isoliert.

(–) - Angustifolin   (–) - Cytisin   (–) - Tinctorin

Cytisin ist zusammen mit dem antibakteriell, antineoplastisch und antiulcerös wirkenden tetracyclischen (+)-**Matrin** auch ein Wirkstoff der *Sophora Bohnen* in Mexiko sowie der *Kuh Seng* und *Shinkyogan*-Drogen in China und Japan [25] aus den getrockneten Wurzeln von *Sophora angustifolia* (Fabaceae). Ein weitere Variante tetracyclischer Chinolizidine ist (–)-**Ormosanin** [1,2] aus dem südamerikanischen Schmetterlingsblütler *Ormosia dasycarpa* (Fabaceae).

(+) - Matrin   (–) - Ormosanin

Chinolizidin-Alkaloide mit Decahydro-9*b*-azaphenalen-Grundskelett wurden aus der in Australien heimischen Pflanze *Poranthera corymbosa* (Euphorbiaceae) isoliert, darunter **Porantheridin, Poranthericin** und **Porantherin** [3,44].

Porantherin   Poranthericin   Porantheridin

Die zur Familie der Coccinellidae gehörenden Marienkäfer, z.B. *Coccinella penta-punctata* und *Propylaea quatuordecimpuntata*, produzieren als Abwehr-Alkaloide (Wehrsekrete) ebenfalls 9*b*-Azaphenalene wie **Präcoccinellin**, dessen *N*-Oxid **Coccinellin** [36] sowie das Dehydro-Derivat **Propylein** [45].

Präcoccinellin   Coccinellin   Propylein

Weitere *polycyclische Chinolizidin-Alkaloide* [1,43] findet man in den Bärlappge-wächsen (Lycopodiaceae), z.B. das (–)-**Lycopodin** aus *Lycopodium complanatum* und das **Annotinin** aus *Lycopodium annotinum*. Die Pflanzenfamilie produziert eine Vielfalt weiterer Alkaloide mit umgebautem Chinolizidin-Skelett. So enthält (–)-**Lycodin** aus *Lycopodium annotinum* die Anabasin-Teilstruktur der Tabak-Alkaloide, dessen Pyridin-Ring in den **Huperzinen** [2,25] aus der in China wachsen-den Teufelsklaue *Lycopodium selago* (*Huperzia selago*) als 2-Pyridon vorliegt. Teeaufgüsse dieses Bärlapps sowie sein Inhaltsstoff Huperzin A werden in China zur Behandlung der ALZHEIMER-Krankheit und des altersbedingten Gedächtnisver-lustes erprobt [25].

(–) - Lycopodin   Annotinin

(–) - Lycodin   (–) - Huperzin A   (–) - Huperzin B

4.6   Indole

Über 3000 Indol-Alkaloide [1,46] sind derzeit bekannt. Alle enthalten den Indol-Ring oder das Tryptamin als Teilstruktur und stammen biogenetisch überwiegend von der Aminosäure Tryptophan ab. Einfache Indol-Alkaloide sind substituierte Tryptamine, Carbazole, β-Carboline und Pyrrolo[2,3-*b*]indole (Tab. 3).

Tryptamin und eine Hemiterpen-Einheit (C$_5$, fett gedruckt in Tab. 3) bauen das *Ergolin*-Grundsklelett der Lysergsäure-Alkaloide auf. Komplexere Vertreter enthalten eine Monoterpen-Einheit (C$_{10}$, fett gedruckt in Tab. 3) als Teilstruktur; hierzu gehören *polycyclische Tetrahydro-β-carboline* (Corynanthean-, Vincosan-, Vallesiachomatan-, Eburnan-Typ), *Hexahydrocarbazole* (Aspidospermatan-, Strychnan-, Plumeran-Typ) und *Hexahydroindolo[2,3-d]azepine* (Ibogan-Typ). Viele Indol-Alkaloide pflanzlicher Herkunft werden als Medikamente in der Human- und Tiermedizin angewendet. Einige sind hochwirksame Halluzinogene.

Tab. 3. Stammheterocyclen der Indol-Alkaloide

4.6.1   Indolylalkylamine (Tryptamine)

Vom **Tryptamin** als biogenem Amin leiten sich die einfachsten Indol-Alkaloide [1,47] pflanzlicher und tierischer Herkunft ab. Diese Alkaloide stehen dem in Blut und Geweben der Säugetiere und des Menschen vorkommenden, gefäßverengenden **Serotonin** (5-Hydroxytryptamin) sehr nahe und wirken je nach Substitutionsmuster mehr oder weniger halluzinogen. Das Hautabwehrsekret der Aga-Kröte *Bufo marinus* enthält z.B. die *N,N*-**Dimethyltryptamine** (DMTs) **Bufotenin** und **5-Methoxy-DMT**; letzteres ist ein besonders wirksames Halluzinogen. Nebenwirkungen sind Blutandrang im Kopf, Brechreiz, Pupillenerweiterung und Schwindel.

X = OH	R = R' = H	Serotonin
X = H	R = R' = CH$_3$	*N,N*-Dimethyltryptamin (DMT)
X = OH	R = R' = CH$_3$	Bufotenin
X = OCH$_3$	R = R' = CH$_3$	5-Methoxy-DMT
X = OCH$_3$	R = H ; R' = COCH$_3$	Melatonin
X = CH$_2$–SO$_2$–NHCH$_3$	R = R' = CH$_3$	Sumatriptan

Melatonin, ein Zirbeldrüsen-Sekret der Säugetiere, dessen Konzentration im Serum bei Nacht ansteigt, wirkt sedierend und thermoregulatorisch. Es wird aus der Zirbeldrüse der Rinder gewonnen und u.a. wegen seiner sedierenden, leicht halluzinogenen Wirkung zur Medikation von Schlafstörungen diskutiert [48]. Synthetisches *N,N*-Dimethylaminotryptamin-5-methan-*N*-methylsulfonamid wird unter der Bezeichnung **Sumatriptan** zur Behandlung von Migräneanfällen eingesetzt [25].

Tryptamine nichttierischer Herkunft sind **Psilocin** (4-Hydroxy-*N,N*-dimethyltryptamin) sowie sein als Zwitterion vorliegender Phosphorsäureester **Psilocybin** aus dem Fruchtkörper des mexikanischen Zauberpilzes *Psilocybe mexicana* [49]. Ein besonders hoher Gehalt an Psilocin und Psilocybin wird im balinesischen Wunderpilz *Copelandia cyanescens* nachgewiesen. Diese „Magic mushrooms" werden auf Kuhmist kultiviert und in südostasiatischen Spezialitäten-Restaurants in Form von Suppen und Pfannkuchen angeboten [26]. Die halluzinogene Wirkung soll einige Stunden andauern.

Gramin, ein vom Tryptophan abstammendes Indolylmethylamin aus Gerste (*Hordeum vulgare*) und anderen Gräsern (Poaceae = Gramineae), wirkt antioxidativ.

4.6.2 Carbazole

Carbazol-Alkaloide [1,50] mit intakten Benzen-Ringen kommen selten vor. Beispiele sind **Glycozolin** aus *Glycosmis* (Rutaceae), das fluoreszierende **Olivacin** aus der Rinde von *Aspidosperma olivaceum* (Apocynaceae) sowie das isomere **Ellipticin** und sein Hydroxy- und Methoxy-Derivat aus Kallus-Kulturen von *Ochrosia ellipti-ca* (Apocynaceae). Olivacin und Ellipticin wirken mutagen und cytostatisch bei geringer Cardiotoxizität [2,25].

Glycozolin   Olivacin

R = H : Ellipticin
R = OH : 9-Hydroxyellipticin
R = OCH$_3$: 9-Methoxyellipticin

4.6.3 β-Carboline

Blau fluoreszierendes β-**Carbolin** (9*H*-pyrido[3,4-*b*]indol) wird aus dem Madagas-kar-Immergrün *Catharanthus roseus* (Apocynaceae) und dem Weidelgras *Lolium perenne* (Poaceae) isoliert; es wirkt als Enzyminhibitor. Das als **Harman** bezeich-nete 2-Methyl-β-carbolin kommt in mehreren Pflanzenfamilien vor (Elaeagnaceae, Passifloraceae, Polygonaceae, Rubiaceae, Symplocaceae, Zygophyllaceae) [51]. Als **Harmin** oder Banisterin bekannt ist das aus den Samen der in den Balkanländern bis Tibet wachsenden Steppenraute *Peganum harmala* (Zygophyllaceae) neben **Harmalin** und **Harmalol** isolierte 7-Methoxy-1-methyl-9*H*-pyrido[3,4-*b*]indol. Die Samen der Steppenraute werden in der Volksmedizin gegen Würmer und zur Blutreinigung benutzt; Harmin selbst wirkt halluzinogen [26].

β-Carbolin   Harman   Harmin   R = H : Harmalol
9*H*-Pyrido[3,4*b*]indol   R = CH$_3$: Harmalin

Weitere *β-Carbolin-Alkaloide* [1,51,52] sind das **Brevicollin** aus dem Rhizom der Segge *Carex arenaria* (Cyperaceae), das **Alstonilidin** aus dem giftigen Milchsaft tropischer und subtropischer immergrüner Sträucher und Bäume der Gattung *Alstonia* (Apocynaceae) sowie die *Canthine*, eine kleinere Gruppe von Alkaloiden, die aus mehreren in Ostasien heimischen *Picrasma*-Arten (Simarubaceae) isoliert wurden. 1-(Chinolin-2-yl)-β-carbolin aus *Nitraria komarovii* (Zygophyllaceae) wird herkunftsgemäß als **Nitramarin** bezeichnet; es wirkt im Tierversuch einschläfernd. Das antibakteriell wirksame **Canthin-6-on** und sein *N*-oxid finden sich neben β-**Carbolin-1-propionsäure** im Holz und in der Rinde der in China heimischen Bäume *Picrasma quassioides* und *Ailanthus altissima* (Simarubaceae) [1,2]. Der Fruchtkörper des bitteren Blätterpilzes *Cortinarius infractus* (Basidiomycetae) enthält β-**Carbolin-1-propionsäuremethylester**; als Bitterstoff dieses Pilzes entpuppt sich **Infractopicrin**, ein weiterer Vertreter der Canthine [2].

(–) - Brevicollin   β-Carbolin-1-propionsäuremethylester   Alstonilidin

Nitramarin   Canthinon   Infractopicrin

4.6.4   Dihydropyrrolidino[2,3-*b*]indole

Die braunen, bohnenförmigen Samen (Kalabar-Bohnen) des westafrikanischen Kletterstrauchs *Physostigma venenosum* (Fabaceae, Subfamilie Papilionaceae) enthalten Alkaloide, die vom Dihydropyrrolidino[2,3-*b*]indol abstammen. (–)-**Physostigmin** (Eserin) verkörpert dieses Grundskelett [53].

Weitere *Physostigma-Alkaloide* wie (–)-**Physovenin** und **Geneserin** [1] enthalten Tetrahydrofuro[2,3-*b*]- bzw. Tetrahydro-1,2-oxazino[5,6-*b*]indol als Grundskelette. Die Alkaloide verengen, umgekehrt wie Atropin, die Pupille, senken den Augeninnendruck und verzögern den Herzschlag. Physostigmin wird aufgrund seiner

Wirkung in der Augenheilkunde sowie als Antidot bei Atropin-Vergiftungen und anderen Intoxikationen angewendet [25].

(−) - Physostigmin   (−) - Physovenin   Geneserin

Als *Flustramine* [2] bekannt sind bromierte Dihydropyrrolidino[2,3-*b*]indole mit konstitutionsisomeren Isoprenyl-Resten anstelle zweier Methyl-Gruppen des Physostigmins; sie finden sich in der marinen Moostierart *Flustra foliacea* (Bryozoae).

Flustramin A   Flustramin B

Die in den kühleren Regionen Nordamerikas heimischen Gewürzstrauch-Arten *Calycanthus floridus* und *C. occidentalis* (Calicanthaceae) enthalten dimere Pyrrolo[2,3-*b*]indol-Alkaloide **Chimonanthin** und **Folicanthin** [2]. Alkaloid-Extrakte mit oligomeren Pyrrolo[2,3-*b*]indolen aus einigen in den Tropen und Subtropen wachsenden Brechstrauch-Arten der Gattung *Psychotria* (Rubiaceae) wirken u.a. cytotoxisch.

$R^1 = R^3 = CH_3, R^2 = R^4 = H$: Chimonanthin
$R^1 = R^2 = R^3 = R^4 = CH_3$: Folicanthin

4.6.5   Ergoline (Mutterkorn-Alkaloide, Hemiterpenindole)

Aus vereinzelten Fruchtähren des Roggens *Secale cereale* (Poaceae) und anderer Gräser sprießen im Sommer braune bis schwarzviolette, gebogene, zapfenförmige Gebilde von 1-2 cm Länge. Es ist das *Mutterkorn* des Roggens, *Secale cornutum*, das Dauermycel als Überwinterungsform des auf Getreide und Gräsern schmarotzenden Schlauchpilzes *Claviceps purpurea* (Ascomycetes) [54]. Der Befall von Roggen wurde durch verbesserte Reinigung des Saatgetreides und Einsatz von Pflanzenschutzmitteln weitgehend zurückgedrängt.

Das getrocknete Mutterkorn enthält über 30 Alkaloide, die sich vom tetracyclischen Tryptamin-Hemiterpen *Ergolin* ableiten und in zwei Hauptgruppen einordnen lassen, die *Lysergsäureamide* und die *Clavine* [54,55].

| Ergolin | (+) - Lysergsäure | Lysergsäureamide | Clavine |

Zu den Lysergsäureamiden zählt z.B. (+)-**Ergometrin** (**Ergobasin**), eines der Hauptalkaloide des Mutterkorns; es ist das Amid der (+)-Lysergsäure mit 2-Amino-1-propanol. In viel geringerer Konzentration liegt (+)-**Ergobasinin** vor, das entsprechende Amid der (+)-**Isolysergsäure** mit invertierter Konfiguration an C-8. (+)-**Lysergsäure-*N*,*N*-diethylamid** (**LSD, Lysergid**) läßt sich aus Kulturen des Pilzes *Claviceps paspali* isolieren [54].

| (+) - Ergometrin (Ergobasin, Ergonovin) | (+) - Ergobasinin | (+) - Lysergsäure-*N*,*N*-diethylamid (LSD) | (+) - Ergin (+)-Erginin mit α-Konfiguration an C-8 |

N,N-Unsubstituierte Amide der Lysergsäure bzw. Isolysergsäure, **Ergin** und **Erginin**, wurden in den Samen der in Mexiko heimischen Winden *Rivea corymbosa* und *Ipomoea tricolor* (Convolvulaceae) gefunden. Schon die Azteken verwendeten diese Samen als Zauberdroge „Ololiuqui" bei religiösen und medizinischen Ritualen [26]. Die Nachkommen der Azteken in den abgelegenen Bergregionen Südmexikos nutzen die halluzinogene Ololiuqui-Droge bis heute bei religiösen Zeremonien.

Das Mutterkorn enthält weitere Wirkstoffe, in denen Oligopeptid-Derivate zu Lysergsäureamiden verknüpft sind (Lysergsäurepeptidamide). (–)-**Ergotamin**, das Hauptalkaloid des Mutterkorns (1-2 g pro kg Mutterkorn), sowie (–)-**Ergocornin** und (+)-**Ergocryptin** sind repräsentative Beispiele [54,55]. Die im Mutterkorn weniger prominenten Isolysergsäurepeptidamide (α-Konfiguration an C-8) werden als *„Inine"* bezeichnet, z.B. **Ergotaminin**, **Ergocorninin** und **Ergocryptinin**. Aminosäure-Bausteine neben L-Prolin sind L-Phenylalanin und L-Alanin in Ergotamin, L-Valin in Ergocornin sowie L-Valin und L-Leucin in Ergocryptin.

(–) - Ergotamin   (–) - Ergocornin   (+) - Ergocryptin

Zu den weniger komplexen Clavinen zählen u.a. (–)-**Chanoclavin**, (–)-**Festuclavin**, (+)-**Setoclavin** und (–)-**Agroclavin** [54].

(–) - Chanoclavin   (–) - Festuclavin   (+) - Setoclavin   (–) - Agroclavin

(–)-Chanoclavin ist wahrscheinlich die offenkettige Vorstufe der Mutterkorn-Alkaloide. Die Clavine kommen im Mutterkorn verschiedener Gräser vor. In den mexikanischen Winden *Rivea corymbosa*, *Ipomoea tricolor* und *I. violacea* wurde neben Chanoclavin auch (+)-**Lysergol** gefunden, ein durch Reduktion der Lysergsäure zugänglicher primärer Alkohol. (–)-Festuclavin wurde aus einer Schimmelpilz-Kultur (*Aspergillus fumigatus*) isoliert [54].

Wegen seiner Wirkstoffe wird *Claviceps purpurea* kultiviert. Dies gelingt durch Besprühen von blühendem Roggen in Freilandkultur mit einer Suspension der im Labor gezüchteten Konidiosporen besonders aktiver *Claviceps*-Stämme, die sich auf die Produktion bestimmter Wirkstoffe fast ohne unerwünschte Nebenalkaloide spezialisiert haben, so daß sich die Verarbeitung zu reinen, kristallisierten Präparaten erheblich vereinfacht. Vor allem Ergotamin (als Tartrat) und Ergobasin kontrahieren (wehenfördernd) die Gebärmutter; beide Alkaloide wirken gefäßverengend (als Vasokonstriktoren) und finden bis heute zur Stillung von Nachgeburtsblutungen sowie zur Linderung von Migräne-Anfällen Verwendung [25,26]. Auch die getrockneten und pulverisierten Sklerotien („Ergot") wirken wehenfördernd und gefäßverengend; sie wurden von Ende des 17. bis Mitte des 19. Jahrhunderts in der Geburtshilfe angewendet; daraus entwickelte sich die Bezeichnung „Mutterkorn". Zu hohe Dosen führen zu konvulsiven Krämpfen („Ergotismus convulsivus") und hemmen den Blutkreislauf so stark, daß periphere Gliedmaßen wie Finger und Zehen absterben („Ergotismus gangraenosus"). Diese Symptome traten bei den historisch bekannten epidemischen Mutterkorn-Vergiftungen in Mittel- und Osteuropa auf als Folge der unterlassenen Säuberung des Brotgetreides Roggen.

(+)-Lysergsäure als Edukt zur Partialsynthese des Ergobasins und davon abgeleiteter Arzneistoffe wird aus Züchtungen von *Claviceps paspali* durch Fermentation gewonnen. Lysergsäure-*N,N*-diethylamid (LSD, Lysergid) entsteht durch Aminolyse der Lysergsäure mit Diethylamin sowie durch Hydrolyse des Ergotamins. A. HOFFMANN entdeckte bei diesen Arbeiten [26,54] die stark psychoaktive Wirkung des LSD.

LSD ist bereits in geringer Dosis (0.05 bis 0.1 mg LSD-Tartrat) ein besonders intensiv wirkendes, die Sinne verschmelzendes Halluzinogen: Töne sollen als Farben, Berührungen als Geräusche empfunden werden. LSD ist zwar kein typisches Suchtgift, führt jedoch zum Verlust der Bewegungskontrolle, zu dramatischen Störungen der Wahrnehmung und des Bewußtseins, zu panischer Angst und andauernden, manchmal im Selbstmord endenden psychotischen Zuständen, die dem Krankheitsbild der paranoiden Schizophrenie ähnlich sind [26]. Aufgrund dieser Wirkungen wird LSD als Psychotomimetikum bezeichnet. Zudem soll es Erbschäden verursachen [26]. LSD wurde daher 1966 als Medikament aus dem Verkehr gezogen, nachdem es zuvor in der Psychotherapie Anwendung fand. Danach wurde es in „underground laboratories" mehr oder weniger rein hergestellt und unter verschiedenen, damals aktuellen Bezeichnungen (u.a. sun-shine explosion, strawberry) auf den illegalen Markt gebracht.

4.6.6 Polycyclische monoterpenoide Tetrahydro-β-carboline

Polycyclische monoterpenoide Tetrahydro-β-carboline in großer Vielfalt [1] gehören zu den Inhaltsstoffen der Apocynaceae (Hundsgiftgewächse) und einiger anderer Pflanzenfamilien. Die zahlenmäßig prominentesten Vertreter sind die *Eburnan*- und *Corynanthean-Alkaloide* (Tab. 3, S. 45).

■ **Eburnan-Alkaloide**

Enantiomerenreines und racemisches (–)-**Eburnamonin** sowie (–)-**Eburnamin** aus *Hunteria eburneae* und anderen Pflanzen der Apocynaceae-Familie wie Immergrün (*Vinca minor*) verkörpern das Grundskelett der *Eburnamin-Alkaloide* [56]. (+)-**Vincamin** ist das Hauptalkaloid des Immergrüns, bei dessen Hydrolyse (–)-Eburnamonin entsteht. (–)-Eburnamonin und (+)-Vincamin wirken gefäßerweiternd und senken infolgedessen den Blutdruck [25]; (+)-Vincamin wird zur Anregung der cerebralen Durchblutung verschrieben.

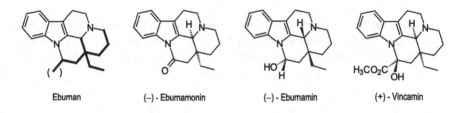

Eburnan   (–)-Eburnamonin   (–)-Eburnamin   (+)-Vincamin

■ **Corynanthean-Alkaloide**

Bekannteste Vertreter des *Corynanthean*-Typs sind die *Yohimban-Alkaloide* [1,57] wie (+)-**Yohimbin** und seine als *allo*- und α- bezeichneten Stereoisomere aus den Blättern und der Rinde des in Nigeria und Kamerun wachsenden Yohimbehe-Baumes *Corynanthe yohimbe* (Rubiaceae). Der Volksmund spricht vom „Liebesbaum" und seiner „Potenzrinde". (+)-Yohimbin wirkt gefäßerweiternd, blutdrucksenkend und wird gegen Impotenz sowie als Aphrodisiakum in der Veterinärmedizin angewendet [25].

Coryanthean   (+)-Yohimbin   (+)-*allo*-Yohimbin   (+)-α-Yohimbin

Zubereitungen aus den Wurzeln des in den tropischen Gebieten Südostasiens wachsenden Strauches *Rauwolfia serpentina* (Apocynaceae) werden in Indien seit langem zur Blutdrucksenkung und Beruhigung angewendet. Hauptalkaloid der Droge ist (–)-**Reserpin** [58,59], das in alkalischer Lösung zur (–)-Reserpinsäure verseift wird. (–)-Reserpin wirkt blutdrucksenkend (antihypertensiv) und beruhigend bis ermüdend (sedativ) [25], aber auch depressiv verstimmend, potenzstörend und möglicherweise krebserregend; es wird daher nur selten eingesetzt.

(–) - Reserpin   (–) - Reserpinsäure

Zu den zahlreichen Strukturvarianten der *Yohimban-Alkaloide* gehört als typischer Repräsentant der Corynantheane das (–)-**Corynantheidin** mit geöffnetem Ring E (ein „*seco*"-Yohimban) aus *Corynanthe yohimbe* (Rubiaceae), *Rauwolfia serpentina* und *Pseudocinchona africana* (Apocynaceae).

(–) - Corynantheidin   (–) - Ajmalicin   (+) - Ajmalin

Weitere Inhaltsstoffe aus *Corynanthe yohimbe* und *Rauwolfia serpentina* sind das Heteroyohimban (–)-**Ajmalicin** sowie das hexacyclische (+)-**Ajmalin** [59]. Beide Alkaloide wirken antihypertensiv und sedativ. (+)-Ajmalin wird bei manchen Formen der Herzarrhythmie angewendet [25].

■   **Vallesiachotaman- und Vincosan-Alkaloide**

Vallesiachotamin aus *Vallesia* und (–)-**Talbotin** aus *Pleiocarpa* (beide Apocyna-ceae) verkörpern die eng verwandten aber selten auftretenden Alkaloide vom *Valle-siachotaman-* und *Vincosan*-Typ [3].

Vallesiachotamin   ◀------   Vallesiachotaman-Typ
                                        Vincosan-Typ
                              (gestrichelte Bindung offen)   ------▶   (–) - Talbotin

4.6.7   Polycyclische monoterpenoide Hexahydrocarbazole

Polycyclische monoterpenoide Hexahydrocarbazole in mehreren Strukturvarianten findet man hauptsächlich in *Strychnos*-Arten (Loganiaceae) und *Plumerioideae* (Apocynaceae). Herkunftsgemäß werden die Grundskelette der häufigsten Vertreter als *Strychnan* und *Plumeran* bezeichnet (Tab. 3, S. 45).

■   **Strychnan-Alkaloide**

Eines der bekanntesten Indol-Monoterpenoide ist (–)-**Strychnin** aus den Samen der Brechnuß *Strychnos nux vomica* und anderer *Strychnos*-Arten (Loganiaceae) [1,60].

Strychnan   R = H   : (–) - Strychnin   (+) - Vomicin
                       R = OCH₃ : (–) - Brucin

(–) - Akuammicin   R = R' = H   : WIELAND-GUMLICH-Aldehyd
                       R = COCH₃, R' = H   : (+) - Diabolin
                       R = COCH₃, R' = OCH₃   : (+) - 11-Methoxydiabolin

Das bitter schmeckende, hochtoxische (–)-Strychnin wirkt in geringer Dosis anregend bis euphorisierend und stimuliert das Zentralnervensystem bei Kollaps [26]; höherdosiert bewirkt es starrkrampfartige Zustände (Nackenstarre), so daß es kaum noch therapeutische Verwendung findet. In Form seiner Salze wird es zum Vergiften von Raub- und Nagetieren angewendet [25]. Das schwächer wirkende 10,11-Dimethoxy-Derivat (–)-**Brucin** [1] aus *Strychnos nux vomica* und *S. ignatii* wird zur Trennung racemischer Säuren über diastereomere Salze verwendet.

Die Cyclohalbacetal-Struktur des **WIELAND-GUMLICH-Aldehyds** [2] gab einen klärenden Hinweis auf die Struktur des Strychnins. Dieser maskierte Aldehyd entsteht bei der Zersetzung des Isonitrosostrychnins; er ist zudem ein Inhaltsstoff anderer *Strychnos*-Arten wie *S. toxifera* und *S. diaboli* (Loganiaceae), aus denen auch sein Substitutionsprodukt (+)-**Diabolin** und dessen 11-Methoxy-Derivat isoliert wurden.

Strukturvarianten enthalten geöffnete Ringe, z.B. das ebenfalls in der Brechnuß vorkommende (+)-**Vomicin** und das stark linksdrehende **Akuammicin** aus dem im tropischen Afrika heimischen Baum *Alstonia scholaris* sowie aus den Samen des an der Goldküste wachsenden Strauches *Picralima klaineana* (Apocynaceae) [1].

■   Plumeran-Alkaloide

Von den drei Subfamilien (Plumerioideae, Cerberoideae, Echitoideae) der Apocynaceae enthalten allein die *Plumerioideae* über 300 monoterpenoide Tryptamine mit verknüpften oder geöffneten Indolizidin-Teilstrukturen, die man ihrer pflanzlichen Herkunft folgend unter dem Begriff *Plumeran-Alkaloide* zusammenfaßt [3,61,62].

Grundskelett dieser Alkaloide ist das (+)-**Aspidospermidin** aus *Aspidosperma quebracho-blanco*, weshalb die Plumeran-Alkaloide auch als *Aspidospermidin-Alkaloide* bezeichnet werden. Aus dem in Argentinien, Bolivien und Chile heimischen Baum und anderen *Aspidosperma*-Arten wurde (–)-**Aspidospermin** isoliert. *Vinca minor* aus der gleichen Subfamilie der Apocynaceae, bekannt als *Immergrün*, enthält neben anderen Alkaloiden das (–)-**Vincadifformin**.

Plumeran   (+) - Aspidospermidin   (–) - Aspidospermin   (–) - Vincadifformin

In (–)-**Quebrachamin** aus *Aspidosperma quebracho-blanco* öffnet sich der Indoli-zidin-Ring des Aspidospermidins. In (–)-**Pleiocarpin** aus *Pleiocarpa* und (–)-**Kopsin** aus *Kopsia fructicosa* überbrückt die ehemalige Ethyl-Gruppe das Hexa-hydrocarbazol. Eine Besonderheit mehrerer Plumeran-Alkaloide (z.B. Aspidosper-min, Pleiocarpin und Kopsin) ist die Urethan-Verknüpfung des Indol-*N*-Atoms.

(–) - Quebrachamin   (–) - Pleiocarpin   (–) - Kopsin

Die Rinde des Baumes *Aspidosperma quebracho-blanco* wird als *Quebracho*-Rinde gehandelt [25]. Tinkturen der Droge wirken schleimlösend und erregend auf die At-mung, werden jedoch nur selten zur Linderung asthmatischer Beschwerden verab-reicht.

■ Aspidospermatan-Alkaloide

(+)-**Condylocarpin** und **Precondylocarpin** mit 3*H*-Indol-Teilstruktur und zusätzli-cher Hydroxymethyl-Funktion aus *Diplorhynchus* (Apocynaceae) sind Beispiele der seltenen *Aspidospermatan-Alkaloide* [3].

Aspidospermatan   (+) - Condylocarpin   Precondylocarpin

■ Bisindole

Von den tetra- und pentacyclischen Tryptamin-Monoterpenoiden leiten sich einige pharmakologisch bedeutende *Bisindol-Alkaloide* [1,3] ab, in denen zwei Indol-

Alkaloid-Einheiten offenkettig oder cyclisch verbunden sind. Die Blätter des in den Tropen gedeihenden, meist rosarot blühenden Madagaskar-Immergrüns *Catharanthus roseus* (Apocynaceae) enthalten u.a. die Bisindol-Alkaloide **Vinblastin** und **Vincristin**. Beide hemmen die DNA- und RNA-Biosynthese und dementsprechend das Zellwachstum sowie die Zellteilung; sie werden als Arzneimittel gegen Leukämie eingesetzt [25].

R = CH₃ : (+) - Vinblastin
R = CH=O : (+) - Vincristin

R = CH₃ : (–) - Toxiferin I (Dichlorid)
R = CH₂-CH=CH₂ : (–) - Alcuronium (Dichlorid)

Durch Eindampfen wäßriger Auszüge von Rinden und Stengeln der im Norden Südamerikas wachsenden *Strychnos*-Arten (*S. castalnei*, *S. crevauxii*, *S. toxifera*, Loganiaceae) gewinnen die Indianer Brasiliens und Perus ihr Pfeilgift, das sie in ausgehöhlten Flaschenkürbissen („Calebassen") aufbewahren. Das „Calebassen-Curare" enthält mehr als 40 Alkaloide und Alkaloid-Artefakte; prominentester Vertreter ist das vom Strychnin abgeleitete Bisindol-Alkaloid (–)-**Toxiferin I**. Toxiferin I sowie das aus Strychnin partialsynthetisch zugängliche (–)-**Alcuronium** (**Dichlorid**) mit seiner kürzeren Wirkungsdauer werden als Muskelrelaxantien bei chirurgischen Eingriffen verwendet [25].

4.6.8   Monoterpenoide Tetrahydroindolo[2,3-*d*]azepine (*Iboga*-Alkaloide)

Im afrikanischen Kongogebiet wächst der Iboga-Strauch *Tabernanthe iboga* (Apocynaceae), dessen Rinde und hellgelbe Wurzeln die Eingeborenen zum „Iboga" zerreiben, um es bei Stammesritualen zur Erzeugung kollektiver Rauschzustände zu essen oder in Form von Aufgüssen zu trinken [26]. Als Wirksubstanzen (Gehalt der Wurzelrinde bis 6 %) sind mindestens zwölf *Iboga-Alkaloide* bekannt, deren heterocyclisches Skelett Ibogan (Tab. 3, S. 45) vom Indolo[2,3-*d*]azepin abstammt.

Typische Vertreter sind (–)-**Ibogamin**, (–)-**Ibogain**, (–)-**Coronaridin** und (–)-**Heyneanin** aus *Tabernanthe iboga* sowie (–)-**Voacangin** aus *Voacanga africana* (Apocynaceae) [1,63].

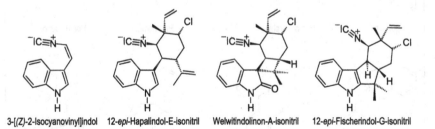

Ibogan

R = H   : (–) - Ibogamin
R = OCH₃ : (–) - Ibogain

R = H   : (–) - Coronaridin
R = OCH₃ : (–) - Voacangin

(–) - Heyneanin

Die *Iboga*-Alkaloide vermindern die motorische Aktivität, wirken in geringer Dosis stimulierend, antidepressiv, empfindungssteigernd bis aphrodisierend, jedoch im Gegensatz zu anderen Alkaloiden nicht ausgesprochen halluzinogen [26]; am wirksamsten in dieser Richtung ist (–)-Ibogain [25]. (–)-Ibogamin wirkt auch antibakteriell, blutdrucksenkend und schwach cytotoxisch [26].

4.6.9   Monoterpenoide Indol-Alkaloide aus Cyanobakterien

Terrestrische Cyanobakterien enthalten stark fungizide, teilweise auch insektizide Indolalkaloide wie 12-*epi*-**Hapalindol-E-isonitril**, **Welwitindolinon-A-isonitril** und 12-*epi*-**Fischerindol-G-isonitril** [2]. Biogenetisch entstammen sie dem antibiotisch wirksamen, aus *Pseudomonas*-Kulturen isolierten Dehydrotryptamin-Derivat 3-[(*Z*)-**Isocyanovinyl**]indol, an dessen CC-Doppelbindung wahrscheinlich das cyclische Chloronium-Ion eines linearen Monoterpens addiert.

3-[(Z)-2-Isocyanovinyl]indol   12-*epi*-Hapalindol-E-isonitril   Welwitindolinon-A-isonitril   12-*epi*-Fischerindol-G-isonitril

4.7 Isochinoline

Gegenwärtig sind über 3000 *Isochinolin-Alkaloide* [1,64,65] bekannt. Sie enthalten die Phenethylamin-Teilstruktur als Wirkstoffprinzip im Heterocyclus und stammen biogenetisch von den Aminosäuren Phenylalanin und Tyrosin, chemisch größtenteils vom *1,2,3,4-Tetrahydroisochinolin, Hexahydrobenzo[a]chinolizin* und *1-Benzyl-1,2,3,4-tetrahydroisochinolin* ab. Bedeutende Grundskelette, welche durchweg die 1-Benzyl-1,2,3,4-tetrahydroisochinolin-Teilstruktur enthalten, sind die *Phthalidisochinoline, Aporphine* und *Homoaporphine, Proaporphine* und *Homoproaporphine, Protoberberine, Protopine* sowie die vom *Morphinan* abgeleiteten Alkaloide (Tab. 4).

Isochinolin-Alkaloide finden sich vor allem in den Pflanzenfamilien Papaveraceae (Mohngewächse), Berberidaceae (Berberitzen), Menispermaceae (Halbmondsamengewächse) und Liliaceae (Liliengewächse).

Tab. 4. Häufige Stammheterocyclen der Isochinolin-Alkaloide

1,2,3,4-Tetrahydro-isochinolin

Hexahydro-benzo[a]chinolizin

1-Benzyl-1,2,3,4-tetrahydroisochinolin

Phthalidisochinolin

Aporphin

Homoaporphin

Proaporphin

Homoproaporphin

Tetrahydroprotoberberin

Protopin

Morphinan

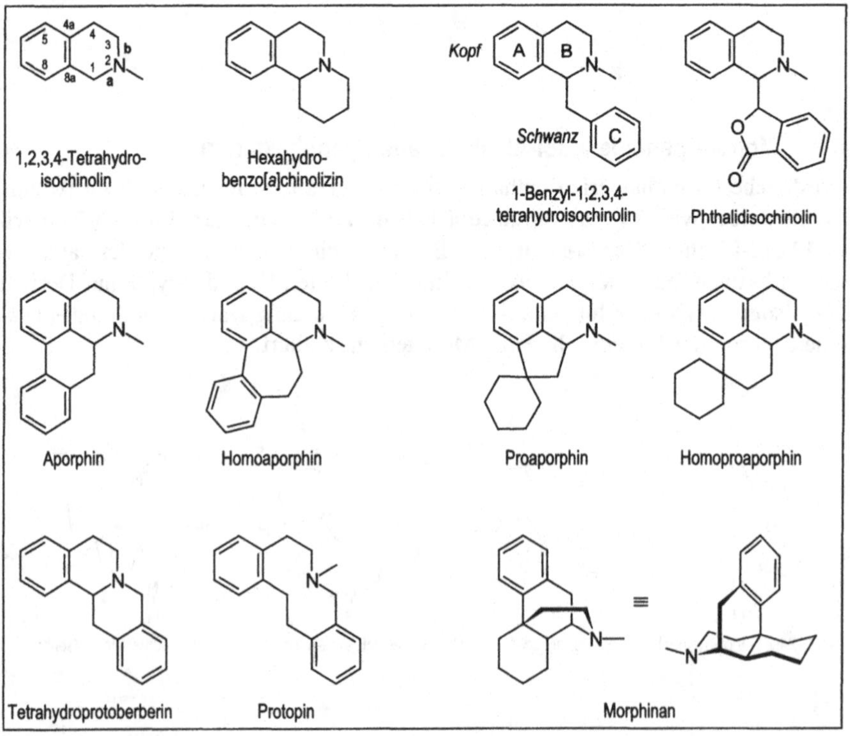

4.7.1 1,2,3,4-Tetrahydroisochinoline

Zu den 1,2,3,4-Tetrahydroisochinolin-Alkaloiden [1,3,66] zählen **Hydrohydrastinin** aus Lerchensporn-Arten *Corydalis* (Fumariaceae), dessen 1-Lactam (1-oxo-) oft neben komplexeren Alkaloiden isoliert wird, sowie (+)-**Salsolin** und (–)-**Salsolidin** mit antihypertensiver Wirkung aus *Salsola richteri* (Chenopodiaceae). Verschieden substituierte Varianten finden sich teils enantiomerenrein teils racemisch in den Kakteen-Arten *Anhalonium* (= *Lophophora*) *lewinii* und *williamsii*, weshalb man auch von den *Anhalonium-Alkaloiden* spricht. **Anhalamin, Anhalonidin, Anhalonin**, das hochtoxische (–)-**Lophophorin** und **Pellotin** werden (neben Mescalin) aus dem Schnapskopf genannten Peyotl-Kaktus *Lophophora williamsii*, **Carnegin** sowie das Halluzinogen (+)-**Gigantin** aus dem in Arizona und Mexiko heimischen Riesenkaktus *Carnegia gigantea* isoliert.

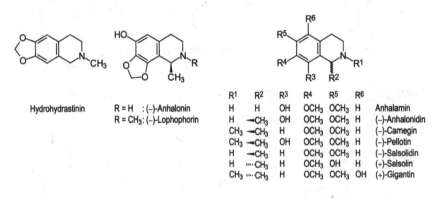

		R¹	R²	R³	R⁴	R⁵	R⁶	
Hydrohydrastinin		H	H	OH	OCH₃	OCH₃	H	Anhalamin
	R = H : (–)-Anhalonin	H	◀CH₃	OH	OCH₃	OCH₃	H	(–)-Anhalonidin
	R = CH₃: (–)-Lophophorin	CH₃	◀CH₃	H	OCH₃	OCH₃	H	(–)-Carnegin
		CH₃	◀CH₃	OH	OCH₃	OCH₃	H	(–)-Pellotin
		H	◀CH₃	H	OCH₃	OCH₃	H	(–)-Salsolidin
		H	····CH₃	H	OCH₃	OH	H	(+)-Salsolin
		CH₃	····CH₃	H	OCH₃	OCH₃	OH	(+)-Gigantin

4.7.2 Naphthylisochinoline

N-**Methyltriphyophyllin** und **Ancistrocladin** aus den in tropischen Regenwäldern Afrikas und Asiens wachsenden Lianen *Triphyophyllum* (Dioncophyllaceae) bzw. *Ancistrocladus* (Ancistrocladaceae) gehören zu den Biaryl-Alkaloiden des Naphthylisochinolin-Typs [67]. Ancistrocladin als axial chirales 5-Naphthylisochinolin-Alkaloid bildet zwei trennbare Atropisomere.

N-Methyltriphyophyllin   (–) - Ancistrocladin   (+) - Ancistrocladin

Die Biosynthese der 25 bisher bekannten Naphthylisochinoline, die teilweise antiviral, antibakteriell und spasmolytisch wirken, vollzieht sich im Gegensatz zu den
meisten anderen Isochinolin-Alkaloiden aus Acetat auf dem Polyketid-Weg.

4.7.3 Benzo[a]hexahydrochinolizine

Mehrere Pflanzen der Familie Rubiaceae enthalten Isochinolin-Alkaloide mit dem
Grundskelett des Benzo[a]hexahydrochinolizins.

4H-Chinolizin   Benzo[a]hexahydrochinolizin

(–) - Protoemetin

(–) - Emetin   Emetamin   Tubulosin

Aus den getrockneten Wurzeln der in Südamerika heimischen Rubiaceae *Uragoga
ipecacuanha* wird die Droge „Radix Ipecacuanhae" („Ipecac", Brechwurzel) gewonnen; sie wirkt schleimlösend (als Expectorans) und wird gelegentlich zu diesem
Zweck verabreicht. Die Droge enthält als Hauptalkaloid das (–)-**Emetin** neben (–)-
Protoemetin und **Emetamin** [1,68]. Aus „Ipecac" werden homöopathische Arzneimittel gegen Erbrechen, Erkrankungen des Magen-Darm-Kanals und Migräne zubereitet; (–)-Emetin wirkt u.a. gegen Amöben [25].

Als Isochinolin- und zugleich Indol-Alkaloid zeigt sich **Tubulosin** aus *Pogonopus
tubulosus* (Rubiaceae), dessen Herkunft aus Protoemetin und 5-Hydroxytryptamin
unverkennbar ist.

4.7.4 1-Benzylisochinoline, 1-Benzyl-1,2,3,4-tetrahydroisochinoline

Das aus *Cocculus laurifolius* (Menispermaceae) isolierte **Coclaurin** und das in *Anona reticulata* (Anonaceae) enthaltene (*S*)-(+)-**Reticulin** sind die biogenetischen Vorstufen der Aporphine, Protoberberine und Morphinane z.b. im Schlafmohn, *Papaver somniferum* (Papaveraceae), aus dem das *Opium* gewonnen wird. Zu den selteneren Alkaloiden des Opiums gehören (+)-**Laudanidin**, (+)-**Laudanosin** (Gehalt: 0.0008 %) als 1-Benzyl-1,2,3,4-tetrahydroisochinoline [1,3,69] und **Papaverin** (Gehalt: bis zu 1 %) mit heteroaromatischem Isochinolin-Ring. Papaverin wirkt gefäßerweiternd, antiasthmatisch und als Muskelrelaxans [25]. **Sendaverin** aus dem Erdrauch *Corydalis* (Fumariaceae) gehört zu den sehr seltenen *N*-Benzyl-1,2,3,4-tetrahydroisochinolinen.

(*S*) - (+) - Coclaurin   (*S*) - (+) - Reticulin   (*R*) - (+) - Laudanidin

(+) - Laudanosin   Papaverin   Sendaverin   OCH₃

Spirobenzylisochinolin-Alkaloide [1,70] wie (–)-**Fumaricin**, (+)-**Ochotensin** und (+)-**Ochotensimin** sind Inhaltsstoffe verschiedener Fumariaceae. In (–)-**Cryptocaustolin** aus *Cryptocarya* (Lauraceae) schließt das *ortho*-ständige Phenyl-Kohlenstoff-Atom der Benzyl-Gruppe (Ring C, vgl. Tab. 4, S. 60) mit dem *N*-Atom des Rings B zum Dibenzoindolizinium-Ion.

(–) - Fumaricin   R = H   : (+) - Ochotensin   (–) - Cryptaustolin
                         R = CH₃: (+) - Ochotensimin

Der Dihydrooxepin-Ring in (+)-**Culacorin** und (+)-**Cularin** aus Lerchensporn *Corydalis*, tränendem Herz *Dicentra* (Fumariaceae) sowie Berberitzen (Berberidaceae) bildet sich biogenetisch durch oxidative Phenolkupplung der Ringe A und C aus (*S*)-**Crassifolin**, der entsprechenden 1,2,3,4-Tetrahydro-1-benzyl-8-hydroxy-isochinolin-Vorstufe. Das rote **Yagonin** aus *Sarcocapnos enneaphylla* (Fumariaceae) repräsentiert ein weiteres der etwa 30 Benzylisochinolin-Alkaloide vom Cularin Typ. **Noyain** aus *Corydalis claviculata* (Fumariaceae) geht aus der oxidativen Ringöffnung des Cularins hervor.

(S) - Crassifolin

R = H   : (+) - Culacorin
R = CH₃ : (+) - Cularin

R = CH₃ : Yagonin

R = CH₃ : Noyain

4.7.5 Bisbenzylisochinoline

In den **Bisbenzylisochinolin-Alkaloiden** [1,71,72] sind zwei 1-Benzyl-1,2,3,4-tetrahydroisochinolin Einheiten meist über Ether-Brücken miteinander verknüpft. Mit der Bezeichnung *Kopf* für die 1,2,3,4-Tetrahydroisochinolin-Untereinheit und *Schwanz* für den 1-Benzyl-Rest kann man in drei Typen einteilen, *Kopf-Kopf-*, *Schwanz-Schwanz-* und *Kopf-Schwanz*-verknüpfte Bis-Alkaloide. Einfachster Vertreter ist das (–)-**Dauricin** aus *Menispermum dauricum* und anderen Menispermaceae mit einer Schwanz-Schwanz-Vernüpfung.

(–) - Dauricin
[Schwanz-Schwanz]

(+) - Oxyacanthin
[Kopf-Kopf / Schwanz-Schwanz]

(+) - Tetrandin
[Kopf-Kopf / Schwanz-Schwanz]

Die meisten Bisbenzylisochinolin-Alkaloide sind makrocyclische Strukturen mit zwei oder mehr Brücken. (+)-**Oxyacanthin** aus den Wurzeln der Berberitze *Berberis vulgaris* (Berberidaceae) und (+)-**Tetrandin** [25], ein analgetisch und antipyretisch wirksamer Inhaltsstoff der chinesischen Droge *han-fang-sh*i aus der Wurzel von *Stefania tetranda* (Menispermaceae), enthalten Ether-Brücken vom Kopf-Kopf- und Schwanz-Schwanz-Typ.

Bisbenzylisochinolin-Alkaloide mit je einer Schwanz-Schwanz-Ether-Brücke und je zwei zu einer Dibenzo[*b,e*]dioxin-Untereinheit verknüpfenden Kopf-Kopf-Ether-Brücken sind (+)-**Trilobin** aus der Wurzel von *Cocculus trilobus* sowie (+)-**Tiliacorin** aus *Tiliacora acuminata* (Menispermaceae) [3,25]. In letzterem verknüpfen sich die „Schwänze" zur Biphenyl-Teilstruktur.

(+) - Trilobin
[(Kopf-Kopf)₂ / Schwanz-Schwanz]

(+) - Tiliacorin
[(Kopf-Kopf)₂ / Schwanz-Schwanz-CC]

(+) - Tubocurarinchlorid
[Kopf 1-Schwanz 2 / Schwanz 1-Kopf 2]

Zu den bekanntesten Bibenzylisochinolin-Alkaloiden zählen die Enantiomere des Alkaloid-Artefakts **Tubocurarinchlorid** aus der südamerikanischen Liane *Chondodendron tomentosum* (Menispermaceae) mit Kopf-Schwanz und Schwanz-Kopf-Verknüpfung beider Tetrahydroisochinolin-Untereinheiten. Tubocurarinchlorid ist ein Wirkstoff aus dem Pfeilgift *Curare* [25,26,72] einiger südamerikanischer Indianerstämme; sie zerstampfen die Lianenrinde mit Wasser, dampfen den Auszug zu einem zähen Sirup ein, mit dem sie die Pfeilspitzen bestreichen. Das vom Pfeil getroffene Opfer wird durch Muskel- und Atemlähmung getötet oder zumindest fluchtunfähig. Das oral wirkungslose (+)-Tubocurarinchlorid wirkt intravenös als Muskelrelaxans [25], z.B. bei chirurgischen Eingriffen.

4.7.6 1-Phenethyl-1,2,3,4-tetrahydroisochinoline

Phenethyltetrahydroisochinolin-Alkaloide [2], die biogenetischen Vorstufen der Homoaporphine, Homoproaporhine und des Colchicins, wurden bisher nur in Li-

liengewächsen gefunden. **Autumnalin** aus der Herbstzeitlose *Colchicum autumnale* (Liliaceae) und **Melanthioidin** aus *Androcymbium melanthioides* (Liliaceae) als Bisphenethyltetrahydroisochinolin sind typische Beispiele.

(R) - Autumnalin

Melanthioidin

4.7.7 Phthalidisochinoline

Phthalidisochinolin-Alkaloide [1,3,73] aus Berberidaceae, Fumariaceae, Papaveraceae und Ranunculaceae enthalten zwei benachbarte Chiralitätszentren, so daß sie als *threo-* und *erythro*-Diastereomere vorkommen. Beispiele sind (+)-α-**Hydrastin** (*threo*) aus *Fumaria*-Arten (Fumariaceae) sowie (+)-β-**Hydrastin** (*erythro*) aus *Corydalis*-Arten. Das Enantiomer (−)-β-**Hydrastin** wurde aus *Hydrastis canadensis* (Ranunculaceae) und aus der Berberitze *Berberis vulgaris* (Berberidaceae) isoliert. (−)-**Narcotolin** und (−)-**Narcotin** (auch **Noscapin** genannt) gehören zu den *Opium-Alkaloiden*; beide werden aus den Schalen der reifen Mohnkapseln gewonnen.

(+)-(1S,1′S)-α-Hydrastin   (+)-(1S,1′R)-β-Hydrastin   (−) - Narcotolin   (−) - Narcotin

Hydrastinin   Opiansäure

Das Hydrochlorid des (–)-β-Hydrastins wirkt hämostatisch und antiseptisch, (–)-Narcotin analgetisch (schmerzbetäubend) und antitussiv (hustenstillend) [25].
Hydrastine und die anderen Phthalidisochinoline werden durch Oxidation mit Salpetersäure zu Opiansäure und Hydrastinin (1-Hydroxy-6,7-methylendioxy-*N*-methyl-1,2,3,4-tetrahydroisochinolin) gespalten, das mit seinem Immonium-Hydroxid äquilibriert. Aus diesen Spaltprodukten ergab sich die Konstitution der Alkaloide.

4.7.8   Aporphine und Homoaporphine

In den *Aporphin-Alkaloiden* [1,74,75] schließen beide benzoide Ringe (A und C) durch eine Biphenyl-Bindung das 1-Benzylisochinolin-Grundskelett zum Tetracyclus. Beispiele sind (+)-**Isothebain** aus *Papaver orientale* (Papaveraceae), (+)-**Corydin** und das anti-adrenergisch wirksame (+)-**Isocorydin** aus den Wurzeln des hohlen Lerchensporns *Corydalis cava* (Fumariaceae) sowie (+)-**Glaucin** aus *Glaucium flavum* (Papaveraceae) und *Corydalis*-Arten (Fumariaceae).

(+) - Isothebain   (+) - Corydin   (+) - Isocorydin

(+) - Boldin   (+) - Glaucin   (–) - Multifloramin

Die in Chile und Peru als „Boldo" [25] gegen die *Chagas*-Infektion durch *Trypanosomen cruzi* verwendeten Blätter von *Peumus boldus* (Monimiaceae) enthalten das Aporphin-Alkaloid (+)-**Boldin**. (–)-**Multifloramin** aus *Kreysigia* (Liliaceae) verkörpert ein durch Cyclisierung und *O*-Methylierung des Phenethyltetrahydroisochinolins Autumnalin entstehendes *Homoaporphin-Alkaloid* [3] mit zentralem Siebenring.

4.7.9   Proaporphine und Homoproaporphine

In den **Proaporphinen** [76,77] ist der Phenyl-Ring C des Benzylisochinolins zum ge-kreuzt konjugierten Cyclohexa-2,5-dienon entaromatisiert und spirocyclisch mit dem Fünfring D verknüpft. (+)-**Pronuciferin** findet sich in mehreren Pflanzen-familien (Euphorbiaceae, Nelumbonaceae, Papaveraceae), (–)-**Orientalinon** in Mohngewächsen wie *Papaver orientale*. *Homoproaporphine* [3] wie (+)-**Bulbocodin** aus *Bulbocodium* (Liliaceae) enthalten einen homologisierten Ring D und zählen wie die Homoaporphine zu den cyclisierten Phenethyltetrahydroisochinolinen.

(+) - Pronuciferin   (–) - Orientalinon   (+) - Bulbocodin

4.7.10 Protoberberine

Schließt sich im 1-Benzyl-1,2,3,4-tetrahydroisochinolin ein vierter Sechsring zum *N*-Atom, so entsteht formal das als *Tetrahydroprotoberberin* bezeichnete 5,8,13,13a-Tetrahydro-6*H*-dibenzo[*a,g*]chinolizin sowie sein heteroaromatisiertes Derivat, das *Protoberberinium-Salz* oder -*Hydroxid*. Alkaloide aus Berberidaceae, Fumariaceae, Papaveraceae und Rutaceae enthalten diese Grundskelette.

Tetrahydroprotoberberin   Protoberberinium-Salz
                                 oder -Hydroxid

Berberitze *Berberis vulgaris* und Mahonie *Mahonia aquifolium* (Berberidaceae) enthalten z.B. das gelbe, kristalline Pyridinium-Hydroxid **Berberin** [1,78]. Berberin kommt in weiteren Pflanzenfamilien vor (Fumariaceae, Fabaceae, Menispermaceae, Papaveraceae, Ranunculaceae). Es wird zum Färben von Baumwolle, Seide sowie Leder verwendet und wirkt antibakteriell, antifungal, antineoplastisch, antipyretisch und gegen Malaria-Erreger (*Plasmodium*-Arten) [25]. **Coptisin**, das Hauptalkaloid des Schöllkrauts, *Chelidonium majus* (Papaveraceae) sowie das zuerst aus der Calumba-Wurzel *Jateorhiza palmata* (Menispermaceae) isolierte, weit verbreitete, gebärmutterkontrahierend und antibakteriell wirkende **Palmatin** [25] repräsentieren weitere *Protoberberinium-Hydroxide*.

Tetrahydroprotoberberine [1] mit entsprechenden Substitutionsmustern sind (–)-**Canadin**, (–)-**Stylopin** und (+)-**Tetrahyropalmitin** aus *Corydalis cava, C. tuberosa* und anderen Lerchensporn-Arten (Fumariaceae). Die in Nordamerika kultivierten Pflanzen produzieren auch hydroxylierte und methylierte Tetrahydroprotoberberine wie (–)-**Ophiocarpin**, (+)-**Corybulbin** und (+)-**Corydalin**, das analgetisch und antirheumatisch wirkt.

Berberin   Coptisin   Palmatin

(–) - Canadin   (–) - Stylopin   (+) - Tetrahydropalmatin

(–) - Ophiocarpin   (+) - Corybulbin   (+) - Corydalin

4.7.11 1,2,4,5-Tetrahydro-3*H*-benzo[*d*]azepine

Die herkunftsgemäß als *Rhoeadin-Alkaloide* bezeichneten 1,2,4,5-Tetrahydro-3*H*-benzo[*d*]azepine aus dem Klatschmohn *Papaver rhoeas* werden den Isochinolin-Alkaloiden zugerechnet, weil sie biogenetisch aus den Protoberberinen hervorgehen[2]. Ihre besonderen Merkmale sind Cycloacetal- und Cyclohalbacetal-Strukturen. (+)-**Rhoeadin** und (+)-**Rhoeagenin** mit *cis*-Konfiguration der inneren Heterocyclen wurden zuerst aus dem Klatschmohn *Papaver rhoeas* isoliert. Klatschmohn-Extrakte werden als Expectorantien und zur Beruhigung verwendet. In (+)-**Alpinigenin** aus *Papaver alpinum* und (+)-**Papaverrubin** aus dem Scheinmohn *Meconopsis betonicifolia* (Papaveraceae) sind die inneren Ringe *trans*-konfiguriert.

(+) - Alpinigenin   (+) - Papaverrubin A   R = H   : (+) - Rhoeagenin
                                                                      R = CH₃ : (+) - Rhoeadin

4.7.12 Protopine

Formal eng verwandt mit den Protoberberinen sind die *Protopin-Alkaloide* [1,79], in denen die Brückenkopf-Bindung des Chinolizin-Bicyclus fehlt. Namensgeber dieser Alkaloide ist das in mehreren Pflanzenfamilien (Fumariaceae, Hypecoaceae, Papaveraceae) vorkommende **Protopin**. Unter zahlreichen weiteren Strukturvarianten sind **Allocryptopin**, (+)-**Corycavamin** und (+)-**Corycavidin** aus *Corydalis cava* und *tuberosa* (Fumariaceae). Wahrscheinlich gehen Protopine durch eine transannulare Reaktion von Amino- und Carbonyl-Funktion aus Protoberberinen hervor (oder umgekehrt) [2].

R = H: *N*-Methyltetrahydro-   R = H   : Protopin   R = H   : Allocryptopin
coptisinium-14-oxid   R = CH₃ : (+) - Corycavamin   R = CH₃ : (+) - Corycavidin

4.7.13 Morphinane

Die Knüpfung einer kovalenten Bindung zwischen C-4a und C-2′ des (1R)-Deca-hydroisochinolins führt formal zum tetracyclischen *Morphinan* (oder Morphan), dem Grundskelett mit der korrekten absoluten Konfiguration des wohl bekanntesten Alkaloids (–)-**Morphin** und anderer *Morphinan-Alkaloide* [1,80,81].

(1R)-1-Benzyldecahydroisochinolin   Morphinan

(–)-Morphin, das Hauptalkaloid des *Opiums* [82] aus dem Schlafmohn *Papaver somniferum* (Papaveraceae) war das erste, aus einer pflanzlichen Droge rein isolierte Alkaloid (SERTÜRNER 1806). Die von ROBINSON 1925 vorgeschlagene Strukturformel **1** bringt die T-Form des (–)-Morphins nicht so klar zum Ausdruck wie die durch RÖNTGEN-Beugung bestätigte Stereoformel **2** mit der IUPAC-konformen Positionsbezifferung.

R = R′ = H :
(–) - Morphin

R = OCH$_3$; R′ = H :
(–) - Codein

R = R′ = COCH$_3$:
(–) - Heroin

Der Schlafmohn *Papaver somniferum* (Papaveraceae) wird zur Ölsaat- und Opiumgewinnung in Mittelamerika sowie von Südasien (Afghanistan) bis Skandinavien angebaut. Die einjährige, anspruchslose und schädlingsresistente Pflanze wächst mehr als 1 m hoch, bildet länglich-ovale, graugrüne Blätter, weiße bis rotviolette Blüten und zur Reifezeit walnußgroße Porenkapseln mit einigen hundert etwa 0.5 mm großen, nierenförmigen blaugrauen, ölhaltigen Samen. Zwischen Blüte und Reife produziert die Pflanze in ihrem Röhrensystem einen weißlichen, klebrigen, als *Latex* bezeichneten Milchsaft, in dem sie Isochinolin-Alkaloide synthetisiert und speichert. Vor der Reifezeit im Frühsommer enthalten die Mohnkapseln besonders viel Latex. Zur arbeitszeitaufwendigen Gewinnung des Opiums werden die noch blaßgrünen, nicht ganz reifen Mohnkapseln mit mehrschneidigen Messern parallel angeritzt. Der austretende zunächst weiße Milchsaft härtet an der Luft unter Bräunung infolge der enzymatischen Oxidation phenolischer Inhaltsstoffe zum harzartigen, klebrigen Opium, das von den Kapseln abgestreift und zu Kugeln oder Würfeln geknetet wird. Die zur Herstellung von Backwaren (Mohnbrötchen, Mohnstriezel) verwendeten Mohnsamen aus den reifen Mohnkapseln enthalten nur wenig (–)-Morphin (höchstens 2 mg in 10 g Samen).

Opium enthält neben Proteinen, Fetten, Zuckern, Harzen und Wachsen bis zu 20 % (–)-Morphin sowie über vierzig weitere Isochinolin-Alkaloide, darunter die bereits erwähnten Benzylisochinoline Papaverin und (–)-Narcotin. Zu den prominentesten *Opium-Alkaloiden* [80-82] gehören jedoch die Morphinan-Derivate (–)-**Codein**, der Monomethylether (Arylether) des (–)-Morphins, das Codein-Isomer (–)-**Neopin**, dessen Oxidationsprodukt (–)-**Neopinon**, der Dienolmethylether (–)-**Thebain**, das entsprechende Enon (–)-**Thebainon** sowie (+)-**Methoxythebainon**. Das als **Heroin** bekannte (–)-Diacetylmorphin kommt nicht natürlich vor; es wird durch Acetylierung des (–)-Morphins hergestellt.

Morphinan-Alkaloide sind eine Spezialität der Papaveraceae; sie kommen selten in anderen Pflanzenfamilien vor. Die Wurzel von *Sinomenium acutum* (Menispermaceae) enthält z.B. (–)-**Sinomenin**, das Enantiomer des Methoxythebainons.

(–) - Neopin   (–) - Neopinon   (–) - Thebain

(–) - Thebainon   (+) - Methoxythebainon   (–) - Sinomenin

(–)-Morphin als hochwirksamer Schmerzstiller und (–)-Codein als Hustendämpfer sind die am häufigsten verschriebenen Wirkstoffe pflanzlicher Herkunft [82]. Die schmerzstillende, auch euphorisierende Wirkung dieser beiden Hauptalkaloide des Opiums wurde bereits in der Antike genutzt. Eine der langlebigsten Arzneien der Geschichte ist der vom Leibarzt ANDROMACHUS des römischen Kaisers NERO (37-

68 n. CHR.) hauptsächlich aus Wein, Opium und Schlangengiften zubereitete *Theriak*, der gegen alle Krankheiten und Vergiftungen wirksam sein sollte und noch gegen Ende der siebziger Jahre des vergangenen Jahrhunderts in verschiedenen Rezepturen angewendet wurde [82]. Wäßrig-ethanolische Opiumtinktur [Gehalt an (–)-Morphin etwa 1 %] wird als Obstipans bei schweren Durchfällen verwendet.

Fast alle genuinen Morphinan-Alkaloide aus Opium, besonders (–)-Morphin und (–)-Thebain, in etwas höheren Dosen auch (–)-Codein und die meisten anderen, wirken verstopfend, schmerzbetäubend, euphorisierend, halluzinogen [25,26]. Schnell und intensiv wirkt das auf dem illegalen Rauschgiftmarkt begehrte, nicht genuine (–)-Heroin mit seinem besonders ausgeprägten Suchtpotential. Es wurde während des ersten Weltkriegs Verwundeten zur Schmerzstillung und Frontsoldaten zur Stimulation ihrer Kampfbereitschaft intravenös gespritzt („Heroisierung", daher die Bezeichnung Heroin) mit der Folge, daß viele der Betroffenen suchtkrank wurden [26]. Der menschliche Organismus gewöhnt sich rasch an Morphin und Heroin, so daß der Süchtige immer höhere Dosen (von etwa 10 mg beim Einstieg zu mehr als 1 g im Suchtstadium) für den euphorisierenden Trip benötigt, die bei Erstanwendung tödlich wären. Die Nebenwirkungen nach den Räuschen (Leibschmerzen, Erbrechen, Durchfälle, schmerzhafte Krämpfe der gesamten Muskulatur, Depersonalisation) sind schließlich so heftig, daß der Süchtige in erster Linie zur akuten Linderung dieser Entzugserscheinungen [26] und kaum noch zur Euphorisierung die Injektionsspritze ergreift.

4.7.14 Benzophenanthridine

Benzophenanthridin-Alkaloide [3,83] sind Inhaltsstoffe mehrerer bekannter Heilpflanzen aus der Familie Papaveraceae. Die kanadische Blutwurzel *Sanguinaria canadensis* enthält z.B. **Sanguinarin**.

Zu den Wirkstoffen der Wurzel des Schöllkrauts *Chelidonium majus*, aus der Phytopharmaka gegen Leber- und Gallenleiden zubereitet werden, gehören **Chelerythrin** und das gegen *Herpes simplex* Viren wirkende (+)-**Chelidonin** [25].

Sanguinarin   Chelerythrin   (+) - Chelidonin

4.7.15   Isochinolin-Alkaloide vom Lycorin-Typ

Aus der Familie der *Amaryllidaceae* werden Alkaloide isoliert, die sich vom Tetra-hydroisochinolin-Grundskelett ableiten und ihrer Herkunft entsprechend auch als *Amaryllidaceae-Alkaloide* [1,84,85] bezeichnet werden. (–)-**Lycorin** und (+)-**Tazettin** werden u.a. aus den Zwiebeln von *Lycoris radiata*, der Narzissen *Narcissus pseu-donarcissus, Narcissus tazetta* sowie des mitteleuropäischen Schneeglöckchens *Galanthus nivalis* (Amaryllidaceae) isoliert. Im kaukasischen Schneeglöckchen *Galanthus woronowii* findet sich der Cholinesterase-Inhibitor (–)-**Galanthamin**.

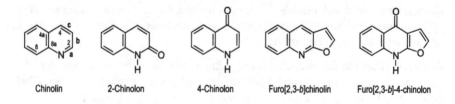

(–) - Lycorin   (+) - Tazettin   (–) - Galanthamin

4.8   Chinoline, Chinolone

Die etwa 200 *Chinolin-Alkaloide* [1,86-89] enthalten hauptsächlich *Chinolin*, *Furo-chinolin* und die entsprechenden *Chinolone* als Grundskelette.

Chinolin   2-Chinolon   4-Chinolon   Furo[2,3-*b*]chinolin   Furo[2,3-*b*]-4-chinolon

4.8.1   Chinoline

Etwa 25 Decahydrochinoline finden sich als Komponenten der **Pumiliotoxine** (S. 39) aus dem Hautsekret des mittelamerikanishen Pfeilgiftfrosches *Dendrobates pumilio*. Pumiliotoxin C ist ein Beispiel [2,3].

Die getrocknete Zweigrinde des in Südamerika wachsenden Baumes *Galipea offi-cinalis* (Rutaceae) wird zu homöopathischen Zubereitungen gegen Verdauungsbeschwerden und Diarrhöe verarbeitet; die Rinde enthält das Chinolin-Alkaloid **Gali-pin** [1]. Der Stamm und die Wurzeln des in China heimischen Baumes *Camptotheca acuminata* (Nyssaceae) enthalten das antileukämisch und antineoplastisch wirkende (+)-**Camptothecin** [2] mit Pyrrolo[3,4-*b*]chinolin als heterocyclischem Grundskelett.

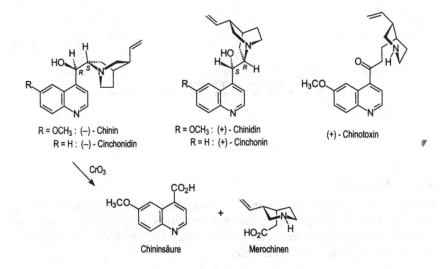

(–) - Pumiliotoxin C   Galipin   (+) - Camptothecin

Pharmakologisch bedeutend sind die über 30 als *China-Alkaloide* [25,87] bezeichneten Derivate und Stereoisomere des bis zu 12 % in der trockenen Chinarinde enthaltenen (–)-Chinins. Die Chinarinde stammt von dem in Südamerika wild wachsenden und in Java kultivierten *Cinchona*-Baum *Cinchona officinalis* (Rubiaceae). Das blaugrün fluoreszierende (–)-**Chinin** enthält einen 6-Methoxychinolin-Ring, der in 4-Stellung über ein asymmetrisches C-Atom mit 3-Vinylchinuclidin verknüpft ist. Als *Chinuclidin* bezeichnet man 1-Azabicyclo[2.2.2]octan. Das mit einem Gehalt von bis zu 3 % in der Chinarinde enthaltene (+)-**Chinidin** ist ein Diastereomer mit invertierter Konfiguration am Alkohol-C-Atom und *exo*-verknüpftem Chinuclidin-Ring. In zwei weiteren China-Alkaloiden, (+)-**Cinchonin** und (–)-**Cinchonidin** entfällt jeweils die Methoxy-Funktion des (–)-Chinins und (+)-Chinidins. Im (+)-**Chinotoxin** ist die sekundäre Alkohol-Funktion des Chinins zum Keton oxidiert, und der Chinuclidin-Ring hat sich zum Piperidin geöffnet.

R = OCH₃ : (–) - Chinin
R = H : (–) - Cinchonidin

R = OCH₃ : (+) - Chinidin
R = H : (+) - Cinchonin

(+) - Chinotoxin

CrO₃

Chininsäure   +   Merochinen

Die Oxidation des Chinins mit Chromsäure liefert Chininsäure und das Piperidin-Derivat Merochinen. Aus den Abbauprodukten ergab sich die von WOODWARD 1945 abschließend durch Totalsynthese bewiesene Struktur.

(–)-Chinin wird zur Therapie der Malaria eingesetzt [25]; es wirkt fiebersenkend, schmerzstillend und findet in der Veterinärmedizin entsprechende Anwendung; wegen seines angenehm bitteren Geschmacks wird es Mineralwässern zugesetzt („Tonic Water" mit 0.007 % Chinin-Hydrogensulfat). (–)-Chinidin wirkt anti-arrhythmisch [25].

4.8.2   Chinolone

2- und 4-Chinolone sind Inhaltsstoffe der Rutaceae [1-3]. Die Rinde des Baumes *Lunasia costulata* (Rutaceae) enthält z.B. das hemiterpenoide 2-Chinolon (+)-**Lunacridin**. sowie das 4-Chinolon **Lunamarin**. Das als **Echinopsin** bekannte 1-Methyl-4-(1*H*)-chinolon wird aus der Kugeldistel *Echinops ritro* und anderen *Echinops*-Arten (Asteraceae) isoliert. 1-Methyl-2-*n*-pentyl-4-(1*H*)-chinolon findet sich in der Weinraute *Ruta graveolens* (Rutaceae). Die pathogenen Bakterien *Pseudomonas pyocyanea* produzieren die **Pseudane**, substituierte 4-Chinolone wie 2-*n*-Heptyl-1-hydroxy-4(1*H*)-4-chinolon als Tautomer des 2-*n*-Heptyl-4-chinolinol-*N*-oxids **HQNO** (Kürzel der englischen Bezeichung 2-*h*eptyl-4-*q*uinolinol-*N*-oxide) [2], das u.a. den Elektronentransport in der mitochondrialen Atmungskette hemmt.

(+) - Lunacridin   R = CH₃, R' = H   : Echinopsin
                        R = CH₃, R' = *n*-C₅H₁₁ : *N*-Methyl-2-*n*-pentyl-4-chinolon   Lunamarin
                        R = OH, R' = *n*-C₇H₁₅ : 2-Heptyl-1-hydroxy-4(1*H*)-chinolin-4-on

4.8.3   Aurachine

Myxobakterien *Stigmatella aurantiaca* produzieren Pseudan-ähnliche Farnesyl-chinolon-*N*-oxide. Diese als Chinolin- und Sesquiterpen-Alkaloide (S. 92) klassifizierbaren **Aurachine** [2] hemmen die Photosynthese und das Wachstum Gram-positiver Bakterien, einiger Hefen und Pilze.

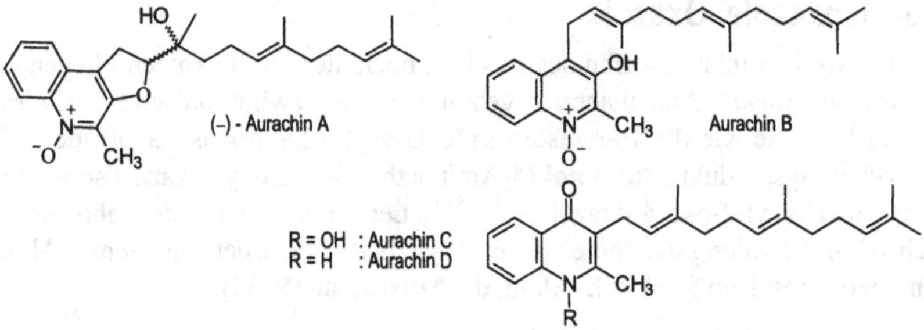

(−)-Aurachin A

Aurachin B

R = OH : Aurachin C
R = H : Aurachin D

4.8.4 Furochinoline und Furochinolone

Auch Furochinoline und Furochinolone [88] gehören zu den Inhaltsstoffen der Rutaceae, z.B. **Dictamnin** aus *Dictamnus albus* und **Skimmianin** aus *Skimmia japonica* (Rutaceae), das vom 2-Chinolon (+)-Lunacridin abstammende (−)-**Lunacrin** sowie die Substitutionsvariante (−)-**Lunin** aus *Lunasia costulata* und anderen *Lunasia*-Arten (Rutaceae). Weitere Furochinolone mit terpenoiden Resten sind bekannt.

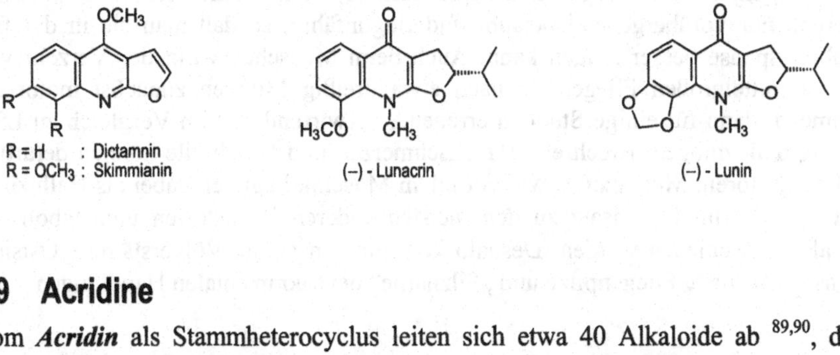

R = H : Dictamnin
R = OCH₃ : Skimmianin

(−)-Lunacrin

(−)-Lunin

4.9 Acridine

Vom *Acridin* als Stammheterocyclus leiten sich etwa 40 Alkaloide ab [89,90], die hauptsächlich in den Rutaceae in Form der Acridone auftreten. Beispiele sind das aus *Evodia*- und *Teclea*-Arten (Rutaceae) isolierte **Evoxanthin** sowie die Isoprenyl-substituierten Acridone **Acronycin** mit Antitumoraktivität aus *Acronychia baueri* und **Atalaphyllin** aus *Atalantia* (alle Rutaceae).

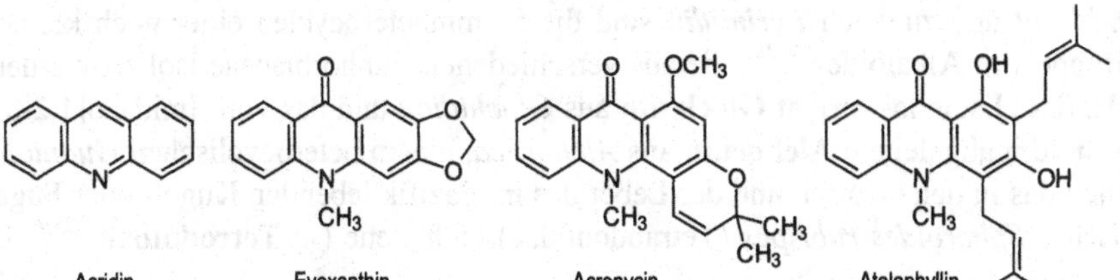

Acridin

Evoxanthin

Acronycin

Atalaphyllin

4.10 Isoxazole, Oxazole

Zu den toxischen Inhaltsstoffen des frischen, noch nicht getrockneten Fliegenpilzes *Amanita muscaria* (Amanitaceae) gehören einige zwitterionische 3-Hydroxy-isoxazol-Derivate wie die **Ibotensäure** (5α-Glycyl-3-hydroxyisoxazol), deren De-carboxylierungsprodukt **Muscimol** (5-Aminoethyl-3-hydroxyisoxazol) sowie **Mus-cazon** (5α-Glycyl-2-oxo-4-oxazolin) [1, 25,91]. Letzteres bildet sich wahrscheinlich durch UV-Bestrahlung der Ibotensäure. Zusätzlich enthält der Fliegenpilz Alkaloi-de mit exocyclischem Stickstoff-Atom, die **Muscarine** (S. 85).

Ibotensäure   Muscimol   Muscazon

Gemessen an der von Peptidtoxinen ausgehenden Giftigkeit des Knollenblätterpil-zes (*Amanita phalloides*) ist der Fliegenpilz weniger gefährlich. Die Überlieferung, der Fliegenpilz töte Fliegen und heiße deshalb so, ist nicht korrekt; die Fliegen werden nur vorübergehend betäubt und flugunfähig, so daß man sie in der Be-täubungsphase besser fangen kann. Auch beim Menschen wirkt der Verzehr von einem mittelgroßen Fliegenpilz nach etwa dreißig Minuten zunächst motorisch lähmend, dann für einige Stunden erregend, verwirrend und im Vergleich zu LSD mäßig halluzinogen. Brechreiz, Bauchschmerzen und Durchfälle können derartige Räusche stören. Muscazon sowie vor allem Muscimol agieren dabei als Halluzino-gene [26], die im Gegensatz zu den meisten anderen Wirkstoffen unmetabolisiert renal ausgeschieden werden. Deshalb konsumieren einige Völkerstämme Ostsibi-riens getrocknete Fliegenpilze und „Pilzharne" bei sakramentalen Handlungen [26].

4.11 Imidazole, Pyrimidine

Imidazol und zugleich *Pyrimidin* sind die Stammheterocyclen einer noch kleinen Gruppe von Alkaloiden [92,93], die aus verschiedenen Euphorbiaceae isoliert wurden, z.B. das Histamin-Derivat **Glochidin** aus *Glochidion* und das vom Imidazo[1,2-*a*]pyrimidin abgeleitete **Alchornin** aus *Alchornea*, einem heterocyclischen *Guanidin*. Auch das in den Ovarien und der Leber des im Pazifik lebenden Kugel- oder Fugu-Fisches *Spheroides rubripes* (Tetraodontidae) enthaltene (–)-**Tetrodotoxin** [25,95] ist

ein heterocyclisches Guanidin; es wirkt in geringsten Dosen als Natriumkanal-
blocker und ist daher hochtoxisch.

Glochidin   Alchornin   (−) - Tetrodotoxin

(+) - Pilocarpin   Anatoxin A(s)

Die als *Jaborandi*-Blätter bezeichneten, getrockneten Fiederblättchen des in Brasi-
lien wachsenden Baumes *Pilocarpus jaborandi* (Rutaceae) enthalten das Imidazol-
Alkaloid (+)-**Pilocarpin** [25,93]. Seine verdünnte wäßrige Lösung wird zur Verminde-
rung des Augeninnendrucks bei Glaukomen in das Auge geträufelt.

Zu den Imidazol-Alkaloiden gehört auch der zwitterionische Acetylcholinesterase-
Hemmer *Anatoxin A(s)* aus dem hochneurotoxischen Anatoxin-Gemisch [2,25], das
einige Stämme der Cyanobakterien *Anabaena flos-aquae* produzieren (S. 35).

4.12 Pyrazine

2-Methoxy-3-methylpyrazin aus Käfern (*Metriorrhynchus rhipidius*), **2-Ethyl-
3,6-dimethylpyrazin** aus verschiedenen Ameisen (*Acromyrmex, Atta, Myrmica*)
sowie **2-Isopentyl-3,6-dimethylpyrazin** aus Wespen (*Eumenidae, Sphecidae*)
scheinen diesen Insekten als Alarm- und Spurpheromone zu dienen [3]. Biosynthese-
Vorstufen solcher alkylierter Pyrazine sind einfache α-Aminosäuren (Glycin, Ala-
nin) und α,β-Dicarbonyl-Verbindungen.

2-Methoxy-3-methyl-   2-Ethyl-3,6-dimethyl-   2-Isopentyl-3,6-dimethyl-
pyrazin

4.13 Chinazoline

Chinazolin ist der Stammheterocyclus von etwa 40 **Chinazolin-Alkaloiden** [89,94]. Dazu gehören **Glycosmin** aus *Glycosmis arborea* (Rutaceae) und **Glomerin** aus dem Abwehrsekret des Tausendfüßlers *Glomeris marginata*. (+)-**Febrifugin** aus dem Steinbrech *Dichroa febrifuga* (Saxifragaceae) ist ein Chinazolin-Alkaloid, das in der Tiermedizin gegen Pilzinfektionen der Atemwege (*Coccidioides*-Mykosen) angewendet wird. Es wirkt viel stärker gegen Malaria-Erreger als Chinin, ist für eine Anwendung in der Humanmedizin jedoch zu toxisch.

Chinazolin   Glomerin   Glycosmin   (+) - Febrifugin

4.14 Purine

Genußgetränke wie *Kaffee*, *Tee*, *Kakao*, *Maté* und *Cola*-Limonaden enthalten anregende Wirkstoffe, die formal vom Dioxo-Tautomer des nicht existenten 2,6-Dihydroxypurins, letzten Endes vom 9*H*-Tautomer des Purins abstammen und daher als **Purin-Stimulantien** bezeichnet werden. „Kaffebohnen", die Samen des in den Tropen kultivierten Strauches *Coffea arabica* (Rubiaceae) enthalten bis zu 2 % **Coffein** neben Spuren von demethyliertem Coffein, **Theobromin** und seinem Regioisomer **Theophyllin** [25].

Purin (Imidazo[4,5-*d*]pyrimidin)   2,6-Dihydroxypurin

7*H*-Tautomer   9*H*-Tautomer   Dioxo-Tautomer

Coffein   Theobromin   Theophyllin

Ähnliche Gehalte an Purinen (2 % Coffein, 0.05 % Theobromin) finden sich in den als „Kolanüsse" bekannten Samenkernen des im tropischen Afrika, Indien und Südamerika kultivierten Baumes *Cola acuminata* (Sterculiaceae) sowie in den als Maté bekannten Blättern des in Südbrasilien und Paraguay wachsenden Baumes *Ilex paraguariensis* (Aquifoliaceae). Reicher an Coffein (2.5 bis 4 %) ist der schwarze und grüne Tee aus den jungen Blättern und Blattknospen des hauptsächlich in Südostasien kultivierten Teestrauchs *Camellia sinensis* (Theaceae). „Kakaobohnen", die zur Herstellung von Kakao und Schokolade fermentierten Samen aus den großen Beeren des in Brasilen, Westindien und anderen tropischen Ländern kultivierten Baumes *Theobroma cacao* (Sterculiaceae) enthalten etwa 1 % Theobromin und 0.2 % Coffein.

Alle Purin-Stimulantien fördern Diurese und Gallensekretion, wirken individuell unterschiedlich belebend, gefäßerweiternd und regen die Herztätigkeit an [25,26].

4.15 Makroheterocyclen

Abgesehen von Cyclopeptid-Alkaloiden und makrocyclischen Lactamen sind nur wenige makroheterocyclische Alkaloide bekannt. Einzigartige Beispiele sind das polyhalogenierte Azacyclodecatrien (–)-**Chartellin A** aus der marinen Moostierart *Chartella papyracea* (Bryozoae) [2], das auch als Imidazol-, Indol- oder β-Lactam-Alkaloid betrachtet werden kann, sowie das aus dem in Papua Neuguinea heimischen Meeresschwamm *Haliclona* isolierte (–)-**Papuamin** [2,25]. Dieses pentacyclische 1,5-Diazacyclotrideca-8,10-dien-Derivat wirkt antibakteriell und antifungal.

(–) - Chartellin A   (–) - Papuamin

4.16 Heterocyclische Neutrocyanine

Heterocyclische Farbstoffe vom Typ der *Neutrocyanine* (= Merocyanine) färben neben Chinonen, Anthocyanidinen, Flavonoiden und Carotenoiden die Organe vieler Pflanzen und einiger Pilze; man kann sie als Chromoalkaloide [3] bezeichnen. Besonders bekannt ist der tiefrote, wasserlösliche Farbstoff **Betanin** der Roten Rübe *Beta vulgaris* (Chenopodiaceae), der Kermesbeere *Phytolacca americana* (Phytolaccaceae) und der aus Südamerika stammenden Drillingsblume *Bougainvillea glabra* (Nyctaginaceae). Das Aglycon **Betanidin** verkörpert als zwitterionisches Immonium-Salz aus 2,3-Dihydro-5,6-dihydroxyindol-2-carbonsäure und **Betalamsäure** die *Betalaine*. Entsprechend erweist sich das zu den *Betaxanthinen* gehörende gelborange **Indicaxanthin** aus den in Mexiko zu Marmelade verkochten Früchten des Feigenkaktus *Opuntia ficus-indica* (Cactaceae) und den Blüten der Wunderblume *Mirabilis jalapa* (Nyctaginaceae) als Immonium-Salz aus der Aminosäure Prolin und Betalamsäure. Deren Ringerweiterung führt zum gelben **Muscaflavin** mit Dihydroazepin-Skelett, einem der Hutfarbstoffe des Fliegenpilzes *Amanita Muscaria* (Amanitaceae) [96].

mesomere Grenzformeln eines Neutrocyanin-Farbstoffs

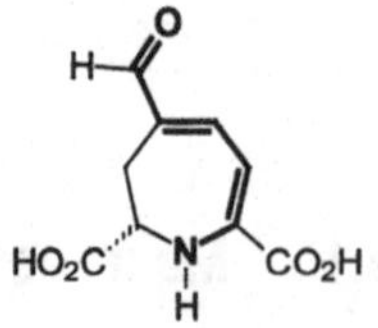

Muscaflavin

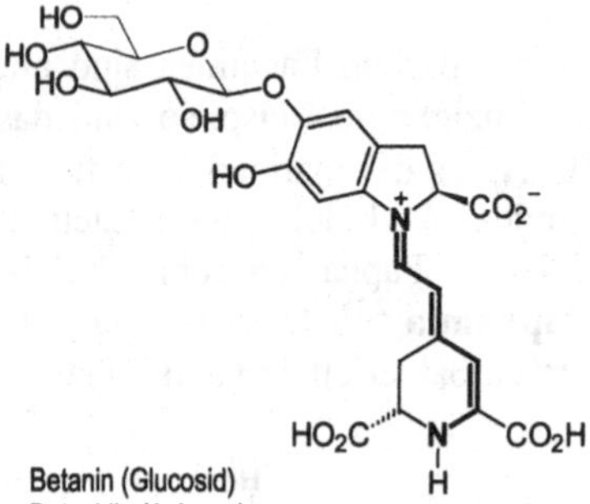

Betanin (Glucosid)
Betanidin (Aglycon)

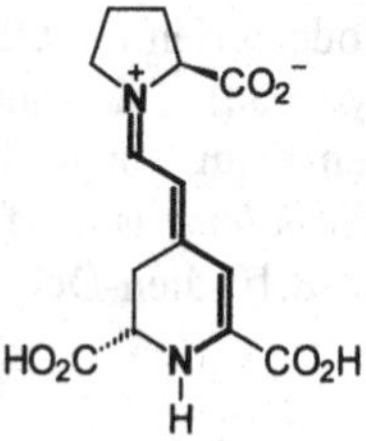

Indicaxanthin

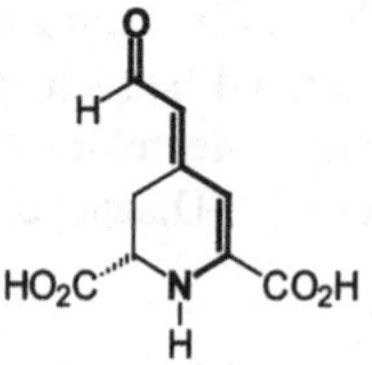

Betalamsäure

5 Alkaloide ohne *N*-Heterocyclen als Grundskelette

5.1 Alkaloide mit exocyclischem *N*-Atom

5.1.1 Phenylalkylamine

Das zu den Nebennierenhormonen gehörende, blutdrucksteigernde (–)-**Adrenalin** ist ein Phenethylamin-Derivat, das nicht als typisches Alkaloid eingestuft wird, ebensowenig wie (–)-**Chloramphenicol (Chloromycetin)**, ein Antibiotikum aus dem Pilz *Streptomyces venezuelae*. Dennoch enthalten beide Wirkstoffe die geöffnete Tetrahydroisochinolin-Struktur der *Phenethylamin-Alkaloide* [97]. Zu diesen gehört (–)-**Ephedrin** aus dem Meerträubel *Ephedra nevadensis* und *Ephedra sinica* (Ephedraceae), der in China schon lange bekannten *Ma Huang*-Droge; es wirkt blutdrucksteigernd, auch anregend auf das sympathische Nervensystem (indirektes Sympathomimeticum), und wird als Bronchodilatator bei Asthmaanfällen sowie zur Behandlung der Harninkontinez angewendet [25].

(*R*)-(–) - Adrenalin   (1*R*,2*S*)-(–) - Ephedrin   (1*R*,2*R*)-(–) - Chloramphenicol

(1*S*,2*S*)- (+) - Cathin   (1*R*,2*S*)-(–) - Norephedrin   (*S*)-(–) - Cathinon
(+) - Norpseudoephedrin

In höheren Lagen Südarabiens und Südostafrikas gedeiht der Kath-Strauch *Catha edulis* (Celestraceae, Spindelbaumgewächse). Kath-Blätter („Quat") werden hauptsächlich im Jemen zur Hebung der Stimmung und der Gesprächigkeit gekaut [26]. Die Droge beeinträchtigt das Wahrnehmungs-, Konzentrations- und Arbeitsvermögen, wirkt aber nicht typisch halluzinogen und kaum suchterregend; Nebenwirkungen sind Pupillenerweiterung, Blutdruckanstieg und Herzrhythmusstörungen. Das mit (+)-Norpseudoephedrin identische (+)-**Cathin**, ein Diastereomer des (–)-**Norephedrins**, sowie (–)-**Cathinon** [25] sind die wichtigsten Wirkstoffe der frischen Kath-Droge [26], die auch Ester der Nicotinsäure (Pyridin-3-carbonsäure) als Nebenalkaloide enthält.

Tyramin [25] kommt in vielen Pflanzenarten vor, u.a. in der Königin der Nacht *Selenicereus grandiflorus* (Cactaceae). Das als **Hordenin** bekannte *N,N*-Dimethyl-*p*-hydroxyphenylethylamin gehört zu den Inhaltsstoffen des indischen Hanfs *Cannabis sativa* var. *indica* (Moraceae) [98]. Eines der bekanntesten Phenylethylamine pflanzlicher Herkunft ist **Mescalin** aus dem in Mexiko heimischen und dort als „Peyotl" oder „Peyote", zu deutsch als Schnapskopf bezeichneten, olivgrünen Kaktus *Lophophora williamsii* (Cactaceae) [26]. Zur Verarbeitung wird der rübenförmig aus der Erde ragende, in Kompartimente zerfurchte Kopf von der Größe eines kleinen Kürbis abgeschnitten, getrocknet und längs der Furchen in knopfgroße Stücke zerbrochen. Die so erhaltenen, wegen des Mescalin-Gehalts unangenehm bitter schmeckenden, zu Erbrechen reizenden „Peyote-Knöpfe" („Buttons") werden gekaut und wirken dann ähnlich auf die Psyche wie das in viel geringeren Dosen halluzinogene, geschmacklose LSD.

R = H : Tyramin
R = CH₃ : Hordenin   Mescalin   Capsaicin

Phenethylamine sind durch einfache Synthesen gut zugänglich (S. 178). Sie finden als „Weckamine", „Appetitzügler" und synthetische Halluzinogene („Designer-Drogen", S. 176) [97] Anwendung, ebenso wie die den Phenethylaminen sehr ähnlichen, als Indolalkaloide eingestuften Tryptamine (S. 46, 179). **Capsaicin**, ein scharf bis brennend schmeckendes Benzylamid der (*E*)-8-Methyl-6-nonensäure aus Pfeffer *Piper* (Piperaceae) und Paprika *Capsicum* (Solanaceae) gehört zu den seltenen Benzylamin-Alkaloiden [99].

Über die psychotoxische Wirkung der vor allem als Gewürz bekannten Muskatnuß (*Myristica fragrans*, Myristicaceae, „Nutmeg") gibt es widersprüchliche Angaben [26]. Neben Safrol und anderen substituierten Allylbenzen-Derivaten mit Mescalin-ähnlichem Skelett prägt Myristicin das Muskatnuß-Aroma und wirkt insektizid. Ob diese Wirkstoffe als solche halluzinogen wirken oder mit den biogenen Aminen der Verdauungsorgane durch Transaminasen in halluzinogene Phenethylamine vom Typ der synthetischen Amphetamine übergehen, ist nicht geklärt.

Myristicin   *N*-Alkyl-3,4-methylendioxy-5-methoxyamphetamin

5.1.2 Acylamine (Colchicine)

Zu den Alkaloiden mit exocyclischem *N*-Atom zählen die Tropolon-Derivate (–)-**Colchicein** und (–)-**Colchicin** [1,100] aus der Herbstzeitlose *Colchicum autumnale* (Liliaceae). Beide Alkaloide, die biogenetisch vom Phenethylisochinolin-Alkaloid (*S*)-Autumnalin (S. 66) abstammen, sind *N*-Alkylacetamide (*N*-Acylamine) und daher *NH*-Säuren; wäßrige Lösungen reagieren schwach sauer. (–)-Colchicin hemmt die Zellteilung (Mitosegift) und wurde als Antineoplasticum eingesetzt. Es enthält nicht nur ein Asymmetriezentrum mit *S*-Konfiguration sondern auch eine Chiralitätsachse, da Phenyl- und Tropolon-Ring nicht koplanar vorliegen. Im stabilen, natürlichen Atropisomer sind beide Ringe im Uhrzeigersinn verdrillt (a*R*), so daß (–)-(a*R*,7*S*)-Colchicin die exakte Bezeichnung ist [100]. Im konstitutionsisomeren **Allocolchicin** aus *Colchicum cornigerum* hat sich der Tropolonmethylether zum Benzoesäuremethylester verengt.

(–) - Colchicein   (–) - (a*R*,7*S*)-Colchicin   (a*R*,7*S*)-Allocolchicin

5.1.3 Dimethylaminomethyltetrahydrofurane (Muscarine)

Der Fliegenpilz *Amanita muscaria* (Amanitaceae) sowie in größeren Mengen die Rißpilze *Inocybe* (Cortinariaceae) und Trichterlinge *Clitocybe* (Tricholomataceae) enthalten das hochtoxische (+)-**Muscarin** [demethylierte freie Base: (2*S*,3*R*,5*S*)-2-*N*,*N*-Dimethylaminomethyl-4-hydroxy-5-methyltetrahydrofuran] [25] und seine Diastereomere Allo-, **Epi-** und **Epiallomuscarin** als Chloride [91]. Vergiftungssymptome sind Brechreiz, Durchfall, Kreislaufkollaps (S. 78).

(+) - Muscarin-   Allomuscarin-   Epimuscarin-   Epiallomuscarin-chlorid

5.2   Amide und makrocyclische Lactame biogener Amine

Offenkettige sowie cyclische Fett- und Zimtsäureamide der *biogenen Amine* Putrescin, Spermidin und Spermin finden sich als Inhaltsstoffe einiger Pflanzenfamilien und werden als Alkaloide eingeordnet [101].

Putrescin   Spermidin   Spermin

Paucin aus *Pentaclethra* (Fabaceae) ist z.B. das 3,4-Dihydroxyzimtsäureamid des Putrescins [101]. Konfigurationsisomere N^1,N^5-**Di-(*p*-hydroxycinnamoyl)spermidine** finden sich in den Pollen verschiedener Pflanzenfamilien, z.B. des Haselstrauchs *Corylus avellana* (Corylaceae) [101]. Anscheinend schützt der photoisomerisierende Cinnamoyl-Rest das genetische Material der Pollen vor UV-Licht.

Paucin N^1,N^5-Di-(-*p*-hydroxycinnamoyl)spermidine (*E,E*- und *Z,E*-Isomer)

Beispiele makrocyclischer Zimtsäurelactame sind **Codonocarpin** aus *Codonocarpus* (Gyrostemonaceae), (+)-**Chaenorhin** aus dem kleinen Orant *Chaenorhinum minus* (Scrophulariaceae) und (–)-**Verbascenin** aus der Königskerze *Verbascum thapsus* (Scrophulariaceae) [101].

Codonacarpin   (+) - Chaenorhin   (*S*)- (–) - Verbascenin

Inandenin-12-on aus den afrikanischen Schlingpflanzen *Oncinotis* (Apocynaceae) entpuppt sich als monomakrocyclisches Ketolactam des Spermidins. Blätter, Stengel und Wurzeln des indischen Hanfs *Cannabis sativa* var. *indica* (Moraceae) enthalten die bicyclischen Spermidin-Lactame (+)-**Cannabisativin** und (+)-**Anhydrocannabisativin** [98]. Als strukturverwandt erweist sich das atemlähmende (+)-**Palustrin**, Hauptalkaloid des Sumpfschachtelhalms *Equisetum palustre* (Equisetaceae) [2].

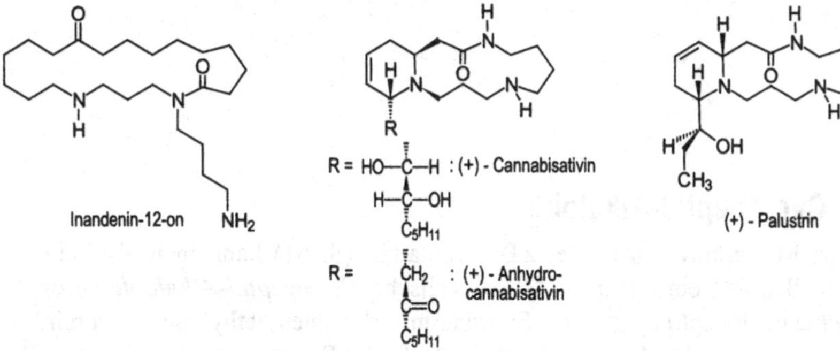

Inandenin-12-on

R = HO—C—H : (+) - Cannabisativin
    H—C—OH
      C₅H₁₁

R =   CH₂ : (+) - Anhydro-
      C=O   cannabisativin
      C₅H₁₁

(+) - Palustrin

Spinnen und Wespen injizieren beim Biß Toxin-Cocktails in ihre Opfer, um diese vor dem Fressen zu lähmen. Die Toxin-Gemische enthalten Amide biogener Amine mit Aminosäuren (z. B. *p*-Hydroxyphenylalanin) oder deren Abbauprodukten. Beispiele sind **Argel 448** (ein Hydroxylamin-Derivat mit Molekülmasse 448) und **NPTX-1** aus den Spinnen *Argelenospis aperta* bzw. *Nephilla clavata* sowie *δ*-**Philanthotoxin** aus der Raubwespe *Philanthus triangulum* (Sphecidae) [3,102].

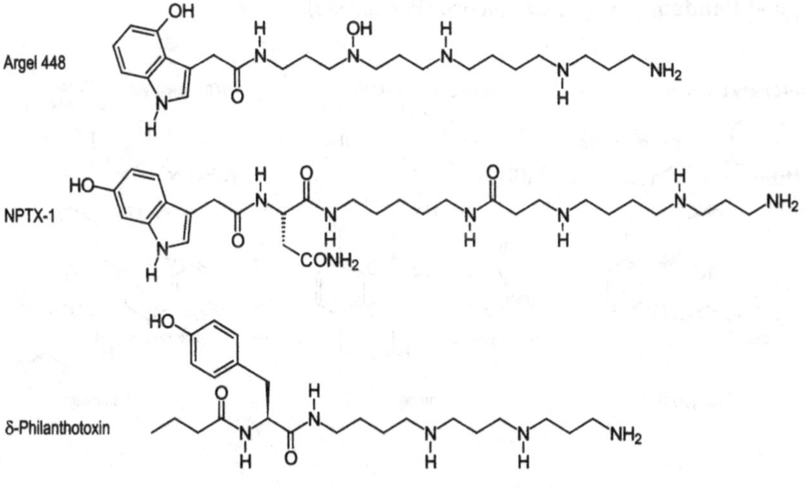

Argel 448

NPTX-1

δ-Philanthotoxin

Schließlich gehören die stark oberflächenaktiven **Penaramide** aus dem Meeresschwamm *Penares aff. incrustans* zu den Polyamin-Amiden [103].

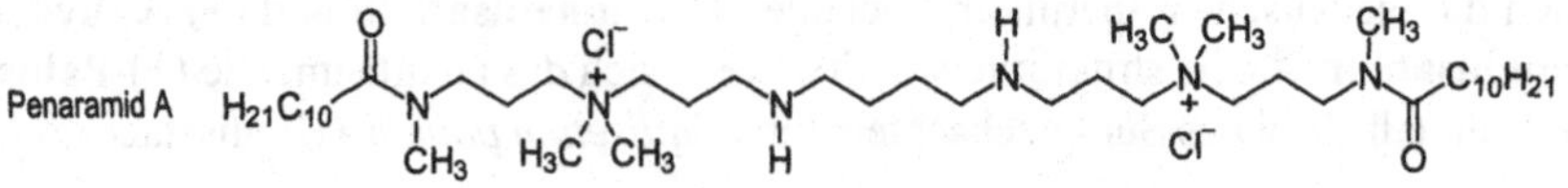

Penaramid A

5.3 Cyclopeptid-Alkaloide

Manche Mutterkorn-Alkaloide, z.B. Ergotamin (S. 51) kann man als Indol- und Peptid-Alkaloide einordnen. – Makrocyclische *Cyclopeptid-Alkaloide* (*Ansa*-Peptide, Phencyclopeptine) [1,104] mit Styrylamin- oder Phenylethylamin-Untereinheiten als gemeinsamem Merkmal sind Inhaltsstoffe der Rhamnaceae-Familie. Der Ringschluß resultiert auf der einen Seite aus einer β-Phenoxy-Ether-Bindung zur *N*-terminalen Aminosäure (β-Hydroxy-isoleucin, -Leucin, -Phenylalanin, -Prolin, -Valin) eines Dipeptids; die Carboxy-Funktion der *C*-terminalen Aminosäure schließt auf der anderen Seite mit der Styryl- bzw. der Phenylethylamino-Funktion einen vierzehngliedrigen Cyclodipeptid-Ring. Eine dritte Aminosäure (z.B. *N,N*-Dimethylisoleucin oder *N,N*-Dimethylvalin) verknüpft über eine dritte Peptidbindung die Seitenkette. Beispiele sind **Frangulanin** aus der Rinde des Faulbaums *Rhamnus frangula* (Rhamnaceae) und **Integerrin** aus *Ceanothus americanus* (New Jersey-Tee) und **Pandamin** aus *Panda oleosa* (Pandaceae).

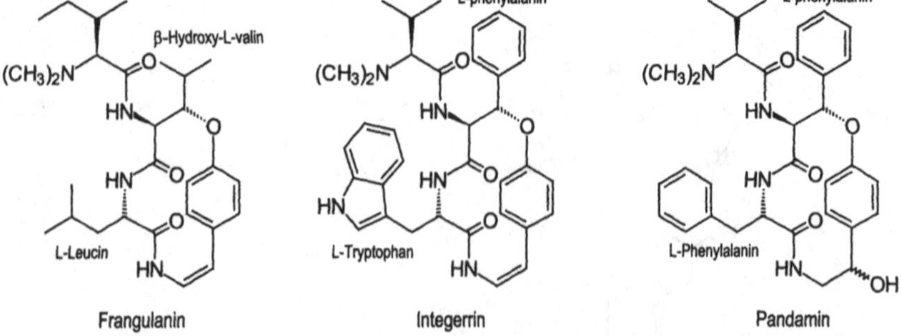

Frangulanin

Integerrin

Pandamin

Seltener sind dreizehn- und fünfzehngliedrige Cyclopeptid-Alkaloide mit *m*-substituierten Styrylamin-Substrukturen wie **Zizyphin-A** aus *Zizyphus oenoplia* und **Mucronin-A** aus *Zizyphus mucronata* (Rhamnaceae).

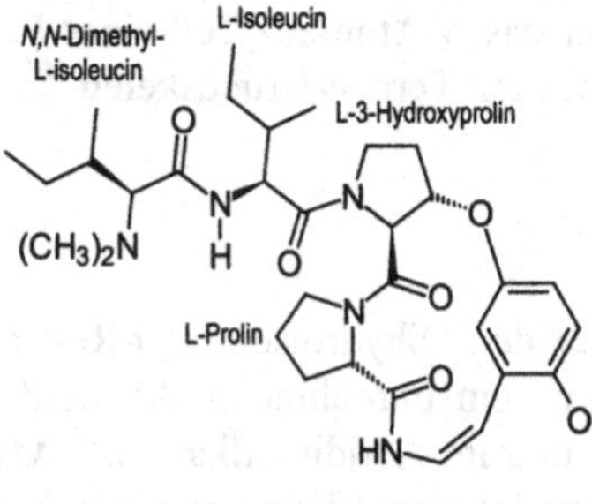

Zizyphin-A

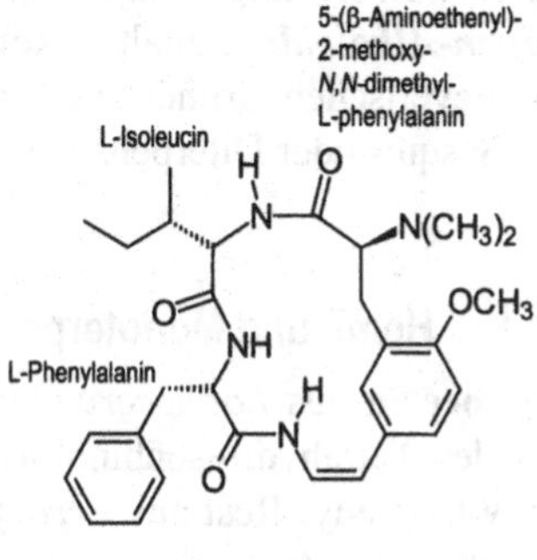

Mucronin-A

Zizyphus mucronata wurde von den Eingeborenen Süd- und Zentralafrikas zur Behandlung von Diarrhöe und Dysenterie verwendet. Einige der isolierten Peptid-Alkaloide wirken antibiotisch und schwach fungizid [104].

Mehrere cyclische und offenkettige Peptid-Alkaloide, darunter das als Leitstruktur für neue Antitumormittel untersuchte **Dolastatin-15** mit den Aminosäuren Prolin, Valin, *N*-Methyl- und *N,N*-Dimethylvalin, wurden aus der Meeresschnecke *Dolabella auricularia* isoliert [105].

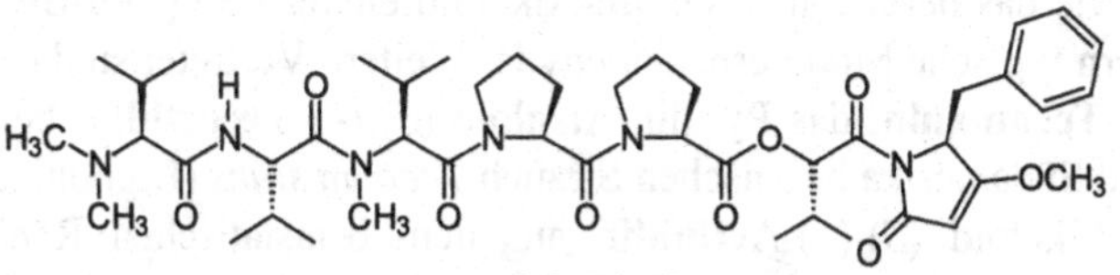

Dolastatin-15

5.4 Terpen-Alkaloide

Ergolin- und zahlreiche andere Indol-Alkaloide (S. 45) sind streng genommen Hemi- bzw. Monoterpen-Alkaloide, werden aber traditionell nicht als solche klassifiziert, weil sie biogenetisch von der Aminosäure Tryptophan abstammen. Typische *Terpen-Alkaloide* enthalten konventionsgemäß terpenoide Reste an bzw. in den heterocyclischen Grundskeletten (Abschn. 4), oder das *N*-Atom als Teil eines Mono-, Sesqui- oder Diterpens bzw. eines Substituenten am Terpen-Grundskelett [106].

5.4.1 Hemi- und Monoterpen-Alkaloide

Lophocerin aus *Lophocereus* (Cactaceae) enthält den Dihydroisoprenyl-Rest als Teil des Tetrahydroisochinolins [66]; **Acrophyllin** ist ein Furochinolon-Alkaloid [88] mit *N*-Isoprenyl-Rest aus *Acronychia* (Rutaceae), und im Acridin-Alkaloid [90] **Atalaphyllin** aus *Atalantia*-Arten (Rutaceae) sind zwei Isoprenyl-Reste an einen benzoiden Ring gebunden.

Lophocerin　　　　　　Acrophyllin　　　　　　Atalaphyllin

Azairidoide wie das bereits als Piperdin-Alkaloid eingestufte (+)-α-**Skytanthin** (S. 29) verkörpern typische Monoterpenaldehyde. Weitere Vertreter sind das Piperidin-Alkaloid (–)-**Tecomanin**, das Pyridin-Alkaloid (*S*)-(–)-**Tecostidin**, beide aus dem in Mittel- und Südamerika heimischen Strauch *Tecoma stans* (Bignoniaceae), sowie das Pyridin-Alkaloid (*S*)-(–)-**Actinidin** aus dem ostasiatischen Rankengewächs *Actinidia polygama* (Actinidiaceae). (*S*)-(–)-Actinidin ist wahrscheinlich der die Katzen anziehende und euphorisierende Inhaltsstoff des Baldrians *Valeriana officinalis* (Valerianaceae) [11] und eine Komponente des Wehrsekrets der australischen Ameise *Iridimyrmex nitidiceps* (Myrmicinae), verschiedener Fliegen, Heuschrecken und Käfer.

Azairidoid　　　(+) - α-Skytanthin　　　(–) - Tecomanin　　　(*S*) - (–) - Tecostidin　　　(*S*) - (–) - Actinidin

Im Wehrsekret des Tausendfüßlers *Polyzonium rosalbum* findet sich das erdig, campherähnlich riechende **Polyzonimin** [2], ein monoterpenoides, spirocyclisches Pyrrolidin mit Imin-Funktion im Ring, neben **Nitropolyzonamin**, einem ebenfalls monoterpenoiden, spirocyclischen Pyrrolizidin. Der Hautextrakt des panamesischen Giftfrosches *Dendrobates pumilio* enthält spirocyclische, monoterpenoide **Pyrrolizidinoxime** [2].

Polyzonimin   Nitropolyzonimin   Pyrrolizidinoxime
                                                           (R = H und R = CH₃)

5.4.2 Sesquiterpen-Alkaloide

Mehrere traditionell als heterocyclisch klassifizierte Alkaloide mit C_{15}-Grundskelett sind Sesquiterpene wie das bereits erwähnte (+)-Nupharidin und sein Desoxy-Derivat (S. 41). Alkaloide mit unverkennbarem Sesquiterpen-Grundskelett [106] finden sich in der Rinde und den Blättern einiger in Westafrika wachsender Bäume der Annonaceae-Familie. In dieser kleinen Gruppe von *Indolyl-* und *Indolosesquiterpenen* [107] ist das vom Farnesan abstammende Sesquiterpen *Driman* sowie dessen Umlagerungs- und Dehydrierungsprodukt in Position 11 an einen β-Indolyl-Rest gebunden. In (+)-**Polyalthenol** und (–)-**Isopolyalthenol** aus *Greenwayodendron (Polyalthia) oliveri* und *suaveolens* (Annonaceae) ist der Indolyl-Rest in β-Stellung verknüpft. (–)-**Neopolyalthenol** aus *Greenwayodendron suavolens* enthält dagegen einen α-Indolyl-Rest.

Driman   Farnesan

(+) - Polyalthenol   Isopolyalthenol   (–) - Neopolyalthenol

Durch zusätzlichen Ringschluß bilden sich in *Greenwayodendron suaveolens* aus den 11-α-Indolylsesquiterpenen pentacyclische *Indolosesquiterpene*, die als (–)-**Polyveolin** und *Greenwayodendrine* bezeichnet werden; die Pflanze enthält z.B. (+)-**Greenwayodendrin-3β-ol** und dessen Derivate (3β-Acetoxy- und 3-on) [107].

(–) - Polyveolin   (+) - Greenwayodendrin-3β-ol

5.4.3   Diterpen-Alkaloide

■   Alkaloide mit Atisan-, Kauran- und Aconan-Grundskelett

Die über 200 Diterpen-Alkaloide [108] sind Inhaltsstoffe von Pflanzen aus den Familien der Ranunculaceae und Garryaceae. Sie stammen nicht, wie die meisten anderen Alkaloide (Abschn. 6.1), von Aminosäuren, sondern von den Diterpenen *Atisan* und *Kauran* [106] ab, aus denen formal durch Einbau einer *N*-Ethyl-Gruppe zwischen den Positionen C-19 und C-20 die Alkaloid-Grundskelette des *Atisins* und *Veatchins* hervorgehen (Tab. 5).

Tab. 5. Von Atisan, Kauran und Aconan abgeleitete Diterpen-Alkaloide

Die Grundskelette Atisan, Kauran und das *nor*-Diterpen Aconan (C_{19}) leiten sich ihrerseits vom Pimaran ab, das aus der dreifachen Cyclisierung des offenkettigen Phytans hervorgeht (Tab. 5) [106]. Ein zusätzlicher Ringschluß durch Knüpfung der C-8–C-16-Bindung führt zum Beyeran, welches durch Verschiebung der Methyl-Gruppe (C-17) von C-13 nach C-15 in Kauran übergeht. Andererseits resultiert Atisan formal aus Beyeran durch Verschiebung der Methylen-Gruppe C-15 von C-13 nach C-12. Abspaltung einer Methyl-Gruppe (C-17) führt zum *nor*-Atisan, das zum Aconan umlagert (Tab. 5).

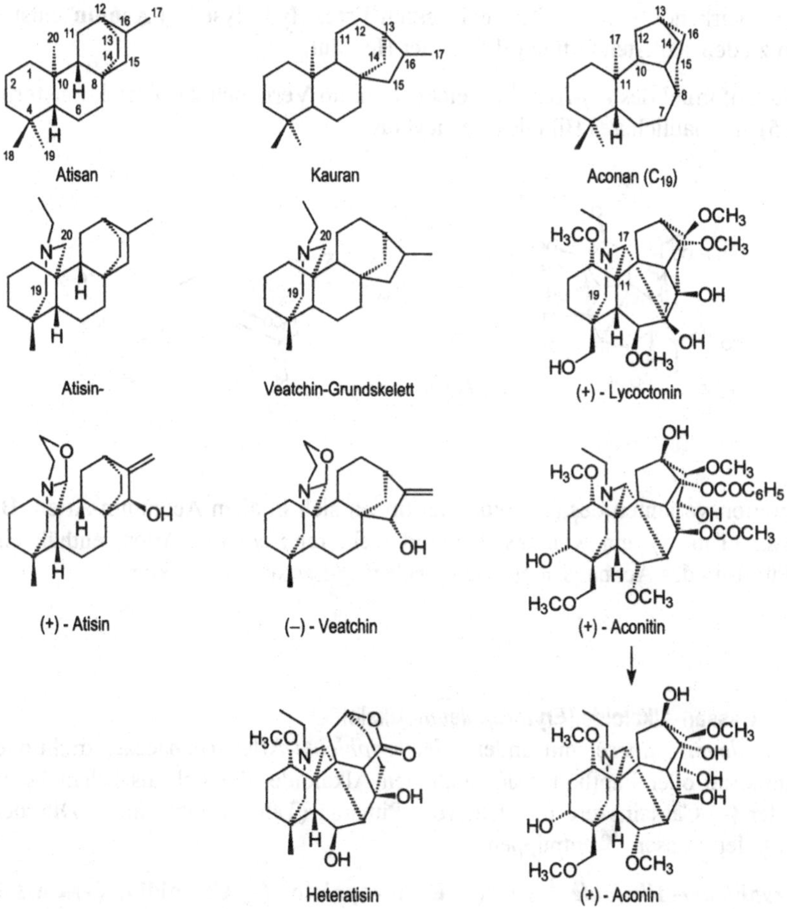

Atisan

Kauran

Aconan (C_{19})

Atisin-

Veatchin-Grundskelett

(+) - Lycoctonin

(+) - Atisin

(−) - Veatchin

(+) - Aconitin

Heteratisin

(+) - Aconin

(+)-**Atisin** [106] kommt in den Wurzeln der Atis-Pflanze *Aconitum heterophyllum* (Ranunculaceae) vor. (–)-**Veatchin** ist ein Inhaltsstoff der Rinde von *Garrya veatchii* (Garryaceae) [108-110]. Die Alkaloide des bekannten, blauviolett blühenden Eisenhuts, *Aconitum napellus* (Ranunculaceae), leiten sich vom *nor*-Diterpen (C_{19}) *Aconan* ab, indem formal eine *N*-Ethyl-Gruppe zwischen C-17 und C-19 eingebaut und C-17 mit C-7 verbunden wird. Der resultierende Hexacyclus ist das Skelett des (+)-**Lycoctonins** aus *Aconitum lycoctonum* und des (+)-**Aconitins** aus *Aconitum napellus* (Ranunculaceae). Der in den europäischen Alpen wachsende Eisenhut wird zur Zubereitung homöopathischer Arzneimittel gegen Rheumatismus, Erkältungskrankheiten und nervöse Herzbeschwerden verarbeitet. Das herzarrhythmisch und fiebersenkend wirkende (+)-Aconitin, bei dessen Ester-Hydrolyse (+)-**Aconin** entsteht, gehört zu den stärksten Giften pflanzlicher Herkunft [25,110].

Die Stereoformel des (+)-Aconins zeichnet ein im Vergleich zur Projektionsformel (Tab. 5) anschaulicheres Bild des Hexacyclus.

(+) - Aconin

Substitutionsvarianten des (+)-Aconitins finden sich in allen Aconitum-Arten. **Heteratisin** (Tab. 5), ein weiteres Alkaloid mehrerer *Aconitum*-Arten, enthält eine vom Fünfring des Aconans abgeleitete Sechsring-Lacton-Teilstruktur.

■   Cassan-Alkaloide (*Erythrophleum*-Alkaloide)

Erythrophleum guinese und andere *Erythrophleum*-Arten (Fabaceae, traditionell Leguminosae oder Papilionaceae) enthalten Alkaloide, die sich als Ethanolamin-Ester der (–)-Cassainsäure mit dem vom Pimaran (Tab. 5) abgeleiteten Diterpen-Grundskelett Cassan [106] entpuppen.

Erythrophleum-Alkaloide [2] wie (–)-**Erythrophlein**, (–)-**Cassaidin**, (–)-**Cassain** und (–)-**Cassamin** wirken lokalanästhetisch und blutdrucksenkend, jedoch auch cardiotoxisch bis zum Herzstillstand, was ihre therapeutische Anwendbarkeit stark einschränkt.

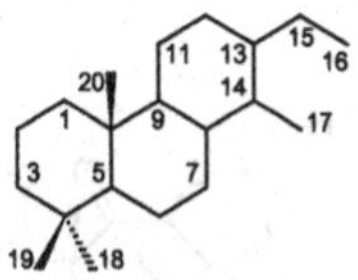

Cassan

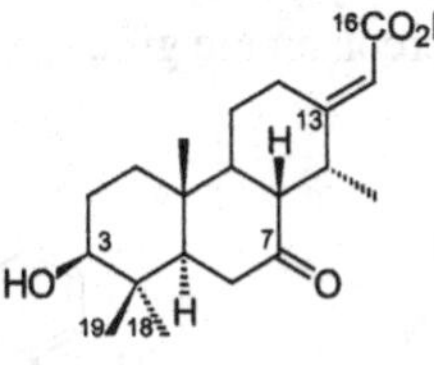

(–) - Cassainsäure

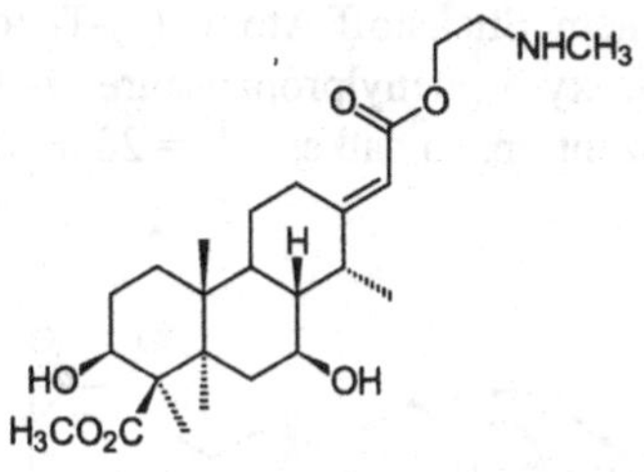

(–) - Erythrophlein

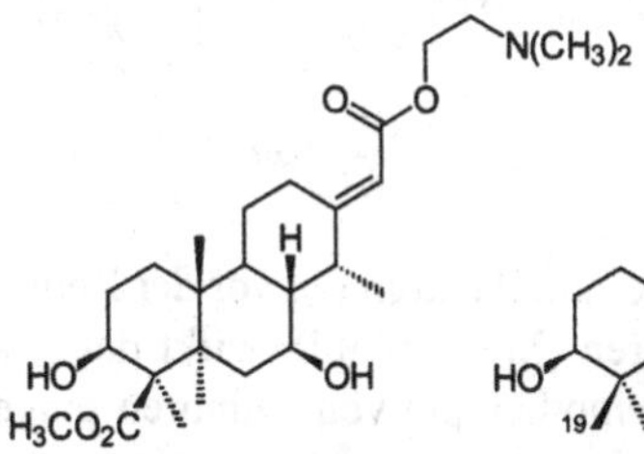

(–) - Cassaidin

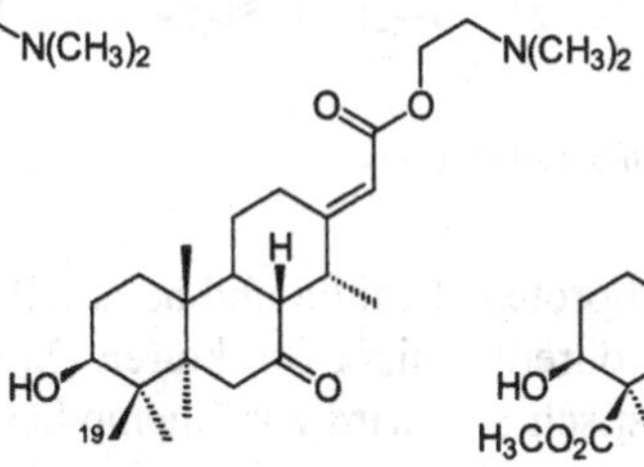

(–) - Cassain

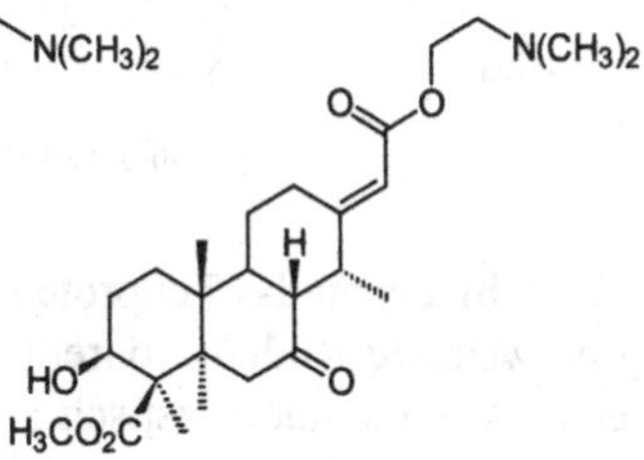

(–) - Cassamin

■   **Verticillan- und Taxan-Alkaloide**

Die nadelförmigen Blätter der europäischen Eibenarten *Taxus baccata* (Taxaceae) enthalten (–)-**Taxin A** mit dem Diterpen-Stammskelett des Verticillans [106] als Hauptkomponente der als **Taxin** [1] bezeichneten, hochtoxischen Rohalkaloid-Fraktion. Taxin A mit neun Chiralitätszentren und folglich $2^9 = 512$ Stereoisomeren ist ein Ester der 3(*R*)-(*N*,*N*-Dimethylamino)-2(*S*)-hydroxy-3-phenylpropansäure (WINTERSTEIN-Säure).

Verticillan

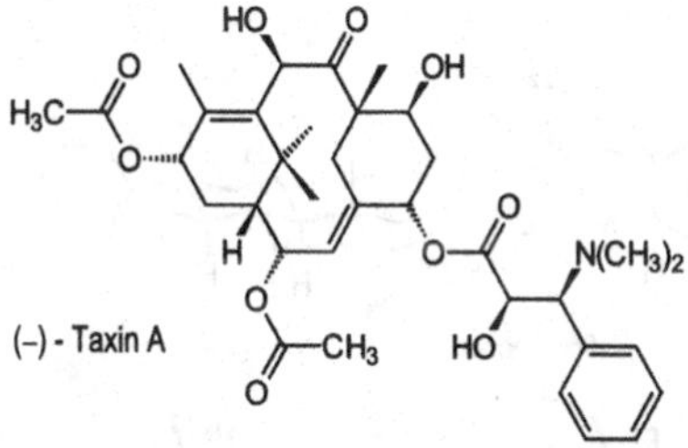

(–) - Taxin A

Als Hauptalkaloid der in Nordamerika heimischen pazifischen Eibe *Taxus brevifolia* erweist sich dagegen (–)-**Taxol** [1, 111] mit dem Terpen-Grundskelett Taxan [106]. Es gehört, ebenso wie (+)-Taxin A und Colchicin, zu den Alkaloiden mit exocyclischem Stickstoff-Atom. (–)-Taxol ist ein Ester der ($2R,3S$)-3-Benzoylamino-2-hydroxy-3-phenylpropansäure (*N*-Benzoylphenylisoserin) und enthält 11 Chiralitätszentren, so daß es $2^{11} = 2048$ Stereoisomere gibt.

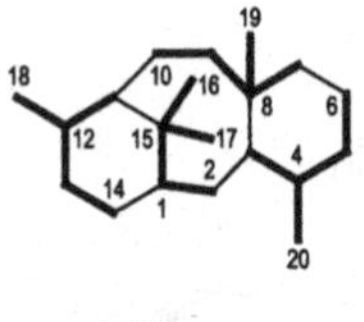

Taxan

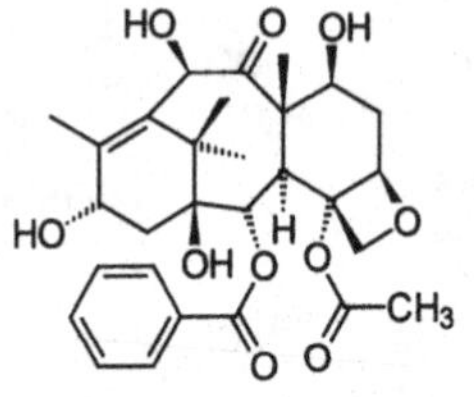

(–)-10-Desacetylbaccatin

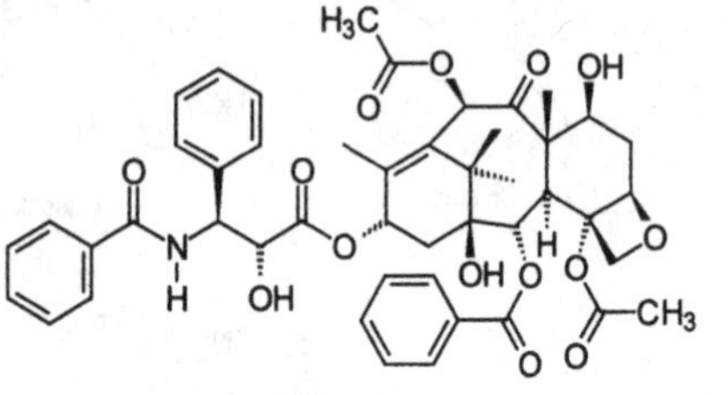

(–)-Taxol

(–)-Taxol bindet an das Zellprotein Tubulin und hemmt dadurch die vor der Zellteilung notwendige Bildung röhrenförmiger Strukturen (Mikrotubuli), wirkt daher in höheren Dosen antineoplastisch und wird zur Chemotherapie von Tumoren eingesetzt. Seine Partialsynthese gelingt durch selektive *O*-Acylierungen des Diterpens (–)-**10-Desacetylbaccatin**, das reichlich in den dunkelgrünen Blättern der in Gärten, Parks und Friedhöfen kultivierten europäischen Eibe *Taxus baccata* vorkommt.

5.5 Steroid-Alkaloide

Steroid-Alkaloide [112] sind stickstoffhaltige Derivate der Steroide, die biogenetisch von Triterpenen und nicht von Aminosäuren abstammen wie die meisten anderen Alkaloide (Abschn. 6.1). Die über 500 bekannten Vertreter enthalten die Steroid-Grundskelette 5α-Pregnan, 9β,19-Cyclopregnan, 9(10→19)-*abeo*-Pregnan, 5α-Cholestan (Ringbezeichnungen A-D) und 14(13→12)-*abeo*-5α-Cholestan.

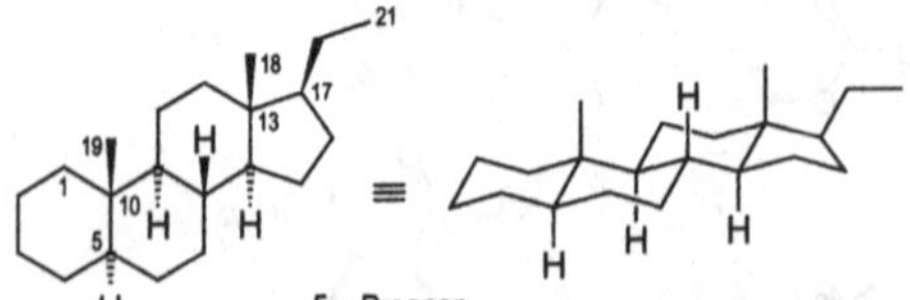

5α-Pregnan

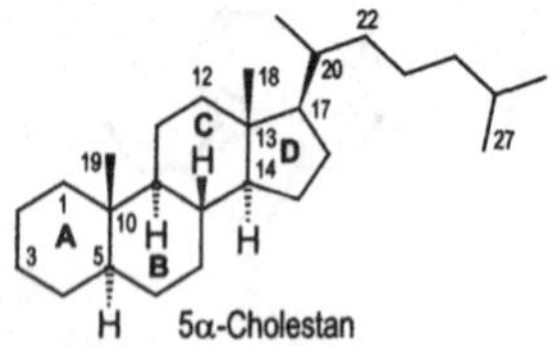

5α-Cholestan

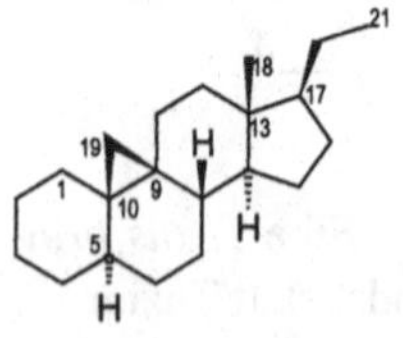

9β,19-Cyclo-5α-pregnan

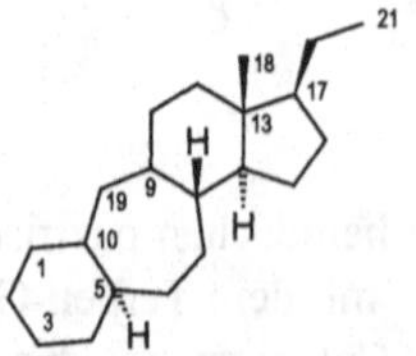

9(10→19)-*abeo*-5α-Pregnan

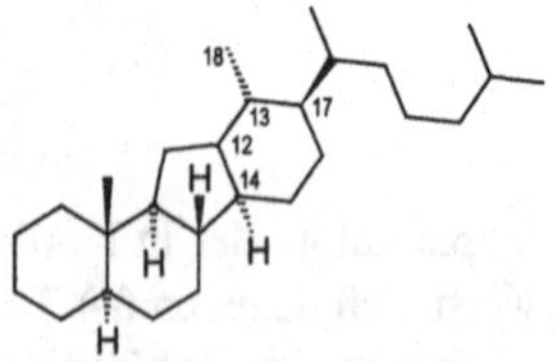

14(13→12)-*abeo*-5α-Cholestan

In den *Aminosteroiden* bindet das intakte Steroid-Skelett einen oder mehrere *N*-haltige Substituenten, z.B. Amino-Funktionen. In den *Steroid-Heterocyclen* schliessen die *N*-Atome zusätzliche Heterocyclen, z.B. Pyrrolidin- oder Indolizidin-Ringe.

5.5.1 Aminosteroide

Zu den *Aminosteroiden* gehört das 3α-Aminopregnan-20-on (+)-**Funtumin** aus *Funtumia latifolia* und *Holarrhena febrifuga* (Apocynaceae). (−)-**Hollarhimin** aus derselben Pflanze ist ein Diaminopregnen. Sowohl Aminopregnene als auch Steroid-Heterocyclen mit Pyrrolidin-Ringen verkörpern (−)-**Holarrhenin** aus *Holarrhena congolensis* (Apocynaceae) und das gegen Amöben wirksame (−)-**Conessin** aus mehreren afrikanischen *Holarrhena*-Arten.

(+) - Funtumin   (−) - Holarrhimin   (−) - Holarrhenin   (−) - Conessin

Von den etwa 200 *Buxus-Steroidalkaloiden* [1,2] leiten sich **Cyclobuxin D**, **Cyclo-protobuxin** aus *Buxus sempervirens* und **Buxazidin B** aus *B. madagascaria* (Buxaceae) formal vom methylierten 9β,19-Cyclopregnan ab. Die Amino-Funktionen befinden sich in 3- und 20-Stellung. Cyclobuxin D und einige andere Vertreter wirken entzündungshemmend und blutdrucksenkend.

Cyclobuxin D   Cycloprotobuxin F   Buxazidin B

Buxamin E, aus *Buxus sempervirens* *N*-**Benzoylbaleabuxidienin** F aus *B. baleari-ca* und **Buxaquamarin K** mit 1,3-Oxazin-Ring aus *B. papilosa* sind dagegen me-thylierte 9(10→19)-*abeo*-5α-Pregnane mit Amino-, Amido-, Hydroxy- und Carbo-nyl-Funktionen.

Buxamin E   *N*-Benzoylbaleabuxidienin F   Buxaquamarin K

Squalamin [2,25], ein Aminosterol, in welchem das biogene Amin Spermidin an die 3-Stellung des 5α-Cholestan-Skeletts bindet, findet sich im Magengewebe des Dornhais *Squalus acanthias*. Die antibakteriell und antifungal wirkende Abwehr-substanz des Hais wird als Antibiotikum und Antimykotikum sowie zum Einsatz gegen HIV und Gehirntumoren untersucht.

3β-(*N*-Spermidinyl)-7α,24ζ-dihydroxy-5α-cholestan-24-hydrogensulfat (Zwitterion)

Squalamin

5.5.2   Steroidheterocyclen

Zu den *Steroid-Heterocyclen* mit Pregnan-Grundskelett gehört (–)-**Batrachotoxin** aus dem von den Indianern als Pfeilgift verwendeten Hautsekret des in den Küsten-provinzen Kolumbiens lebenden grünen Frosches *Phyllobates aurotaenia* und eini-ger anderer Farbfrösche (Dendrobatidae) [113]. **Homobatrachotoxin** findet sich in der Haut und in den Federn des Vogels *Pitohui dichrous* (Pachycephallinae), der in seiner Heimat Neu-Guinea keine Frösche als Nahrung in den Schnabel bekommt und daher das Alkaloid auf anderem Biosyntheseweg aufbaut [114]. Mit **Samanin** und

(+)-**Samandarin** in ihrem toxischen Hautdrüsensekret wehren sich die Salamander (Feuersalamander, *Salamandra maculosa*, und Alpensalamander, *S. atra*) gegen Bakterien, Pilze und Fraßfeinde. Samandarin verbindet das Androstan-Grundskelett (C_{19}) mit dem besonderen Reiz eines cyclischen Aminoacetals [115].

R = CH₃ : Batrachotoxin ; R = C₂H₅ : Homobatrachotoxin   Samandarin

Samanin

Steroid-Heterocyclen, die vom 5α-Cholestan und Cholest-5-en-3β-ol (Cholesterol) abstammen, erregen Interesse als attraktive Inhaltsstoffe einiger Nachtschattengewächse (Solanaceae) [112]. Viele dieser Alkaloide liegen in der Pflanze als *Steroid-Alkaloid-Glycoside* (Saponine) vor. Glycosyliert sind in der Regel die β-ständigen OH-Funktionen in 3-Stellung mit Tri- oder Tetrasacchariden aus D-Gluco-, D-Galacto- und L-Rhamnopyranose. Blätter und Früchte der unreifen Tomate, *Lycopersicum esculentum*, und der Kartoffel, *Solanum tuberosum* (Solanaceae) enthalten das insektizid wirkende Glycosid (–)-**Solanin**, während das zugehörige Aglykon (–)-**Solanidin** reichlich in den Kartoffeltrieben vorkommt.

β-D-Glucopyranose
β-D-Galactopyranose
α-L-Rhamnopyranose

β-D-Glc—1–3—β-D-Gal—1–3—Solanidin
2–1
α-L-Rha
(–) - Solanin (Glycosid, Saponin)

(–) - Solanidin
(Aglykon, Sapogenin)

(–)-Solanidin enthält das Solanidan-Grundskelett, in denen sich die Seitenkette des Cholest-5-en-3β-ols zu einem Indolizidin-Ring schließt. Zu diesen *Solanidanen* zählen neben (–)-Solanidin (–)-**Leptinidin** und (+)-**Demissidin**. Mit deren Glycosiden schützt sich die Kartoffel vor dem Kartoffelkäfer und anderen Fraßfeinden.

(+) - Demissidin
(5α-Solanidan-3β-ol)

(–) - Leptinidin

(–)-**Solasodin**, das aus den Früchten der kultivierten Wildtomate *Solanum marginatum* im Tonnenmaßstab isoliert wird, dient als Edukt für industrielle Partialsynthesen von Steroid-Wirkstoffen (Entzündungshemmer, Kontrazeptiva). Auch der bittersüße Nachtschatten (*Solanum dulcamara*) enthält u.a. (–)-Solasodin und dessen Glycoside [2]; aus getrockneten Bittersüßstengeln werden „Rheumatee" und Phytopharmaka zur Behandlung von Hautekzemen zubereitet. (–)-Solasodin repräsentiert ein *Spirosolan*, in dem das *N*-Atom die C$_8$-Seitenkette des Cholestans zu einem *spirocyclisch* verknüpften Piperidin-Ring schließt. Weitere Spirosolane sind (+)-**Tomatidin** aus der Tomate *Lycopersicum esculentum* und (–)-**Tomatidenol** aus der Kartoffel *Solanum tuberosum* (Solanaceae).

(–) - Solasodin

(+) - Tomatidin

(–) - Tomatidenol

(+)-**Solanocapsin** aus dem Korallenstrauch *Solanum pseudocapsicum* und (–)-**Pimpifolidin** [1] aus den Wurzeln von *Lycopersicon pimpinellifolium* sind Derivate des *22,26-Epimino-16,23-epoxycholestans* in denen das *N*-Atom ein heterobicyclisches Halbketal des Piperidin-3-ons schließt.

(+) - Solanocapsin

(–) - Pimpifolidin

Weitere Steroid-Alkaloide [112] leiten sich von einem umgelagerten Cholestan-Gerüst, dem 14(13→12)-*abeo*-5α-Cholestan ab, in dem der Ring C des Cholestans (S. 96) zum Fünfring verengt und der Ring D zum Sechsring erweitert wird. Solche Alkaloide sind eine Spezialität der Liliengewächse (Liliaceae).

Zur Gruppe der **Veratramane** [2,112] (22,26-Epimino-14(13→12)-*abeo*-Cholestane) gehören (–)-**Veratramin** aus der amerikanischen grünen Nieswurz *Veratrum viride*, (–)-**Cyclopamin** aus *V. album* und *californium* und (–)-**Jervin** aus *V. grandiflorum*. Phytopharmaka aus dem Wurzelstock von *Veratrum viride* wirken antihypertensiv und gegen fiebrige Infektionen.

(–) - Veratramin   (–) - Cyclopamin   (–) - Jervin

Zur Gruppe der **5α-Cevane** [2,112] (18,22,26-Nitrilo-14(13→12)-*abeo*-5α-Cholestane) mit Chinolizidin-Teilstruktur zählen (–)-**Verticin** aus *Fritillaria verticillata* (Liliaceae), der Angelicasäureester (+)-**Cevadin** aus den insektizid wirkenden Samen von *Sabadilla officinarum* (z.B im Sabadillessig gegen Kopfläuse) sowie (+)-**Germin** aus *Veratrum album* und *V. viride* (Liliaceae).

(–) - Verticin   (+) - Cevadin   (+) - Germin

6 Biosynthese *N*-heterocyclischer Alkaloide

6.1 Aminosäuren, die Vorstufen *N*-heterocyclischer Alkaloide

Unter *Alkaloid-Biogenese* versteht man den Aufbau von Alkaloiden im pflanzlichen oder tierischen Organismus. Biogenetische Vorstufen der meisten *N*-heterocyclischen Alkaloide sind die Aminosäuren L-Ornithin, L-Lysin, L-Tyrosin und L-Tryptophan (Abb. 13).

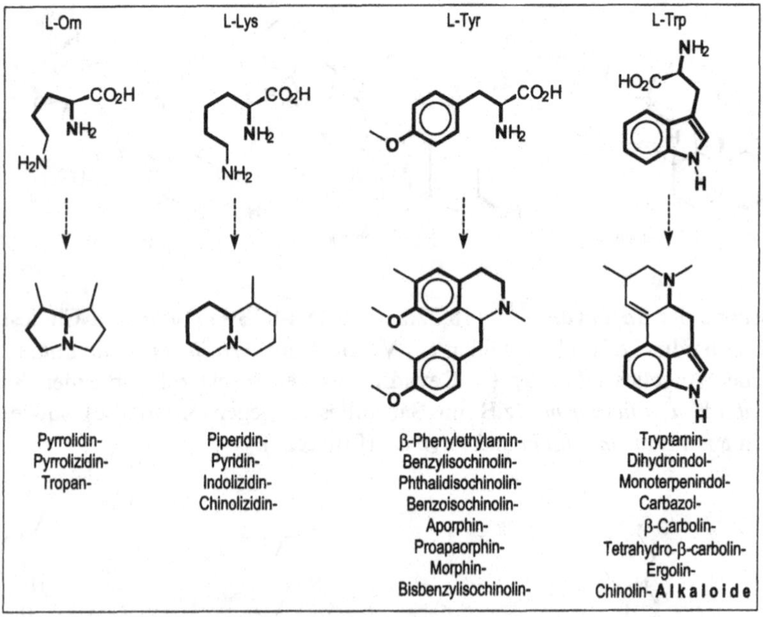

Abb. 13. Biogenetische Vorstufen heterocyclischer Alkaloide

Biosynthesewege werden meist durch Verfütterung ^{2}H-, ^{3}H-, ^{13}C-, ^{15}N-, vor allem ^{14}C-markierter Vorstufen (*„Precursors"*) an den Organismus und nachfolgende Ortung der Markierungspositionen im Naturstoff verfolgt (*Tracer-Technik*). Komplementär lassen sich die Teilschritte auf enzymatischer Ebene überprüfen; dabei wird untersucht, ob die in der Pflanze aktiven Enzyme die Umwandlung bestimmter Vorstufen ineineinander bewirken.

Der experimentell für *ein* bestimmtes Alkaloid gefundene *Biosyntheseweg gilt* streng nur für dieses im untersuchten Organismus und *nicht allgemein.* In einem anderen Organismus kann dasselbe Alkaloid auf anderem Weg entstehen. Nicotinsäure als einfaches Modell der Tabak-Alkaloide [116] kann z.B. einerseits mit Tryptophan über Kynurenin, andererseits aus Glycerol und Asparaginsäure aufgebaut werden. Es wurde nachgewiesen, daß beide Biosynthesewege beschritten werden.

Die dadurch mögliche Variabilität zwingt in diesem Rahmen zur Auswahl spezieller aber gut abgesicherter Biosynthesewege, die möglichst viele Alkaloide einer wichtigen Klasse umfassen. Geeignete Beispiele sind die Biosynthese der Pyrrolizidin-Alkaloide in der *Senecionae*-Subfamilie der Asteraceae (Compositae), der Lysergsäure im Mutterkorn-Pilz *Claviceps purpurea*, einiger Tryptamin-Monoterpenoide aus Apocynaceae und Loganiaceae sowie zahlreicher Isochinolin-Alkaloide im Schlafmohn *Papaver somniferum.*

6.2 Biogenese der Pyrrolizidin-Alkaloide in *Senecionae*

Die Biogenese der Pyrrolizidin-Alkaloide wurde durch Aufzucht von Pflanzenkulturen (*Senecio vulgaris*, Asteraceae) in Nährlösungen mit ^{14}C-, ^{12}C- und ^{15}N-markiertem L-Arginin, L-Ornithin und Putrescin geklärt [33]. Dabei zeigte sich, daß ^{14}C-Arginin und ^{14}C-Ornithin ziemlich vollständig in die aus den Versuchspflanzen isolierten Pyrrolizidine (z.B. Retronecin) eingebaut wird. Die Fütterung von *Senecio vulgaris* mit ^{13}C-markiertem Putrescin und eine Analyse des Markierungsmusters des u.a. isolierten Retronecins durch ^{13}C-NMR bestätigte, daß die Pflanze den Pyrrolizidin-Ring aus zwei Putrescin-Einheiten aufbaut (Abb. 14).

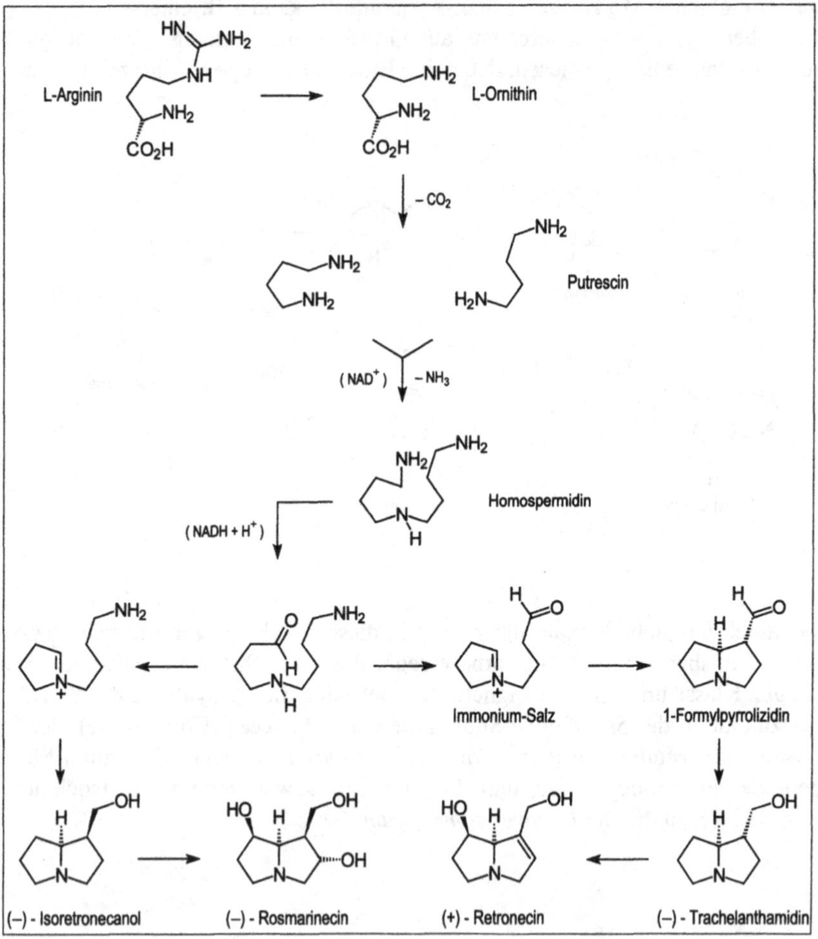

Abb. 14. Biogenese der Pyrrolizidin-Alkaloide (Necine) in der *Senecionae*-Familie

Unter Ammoniak-Abspaltung entsteht dabei zunächst Homospermidin, dessen enzymatische Bildung sich *in vitro* nachweisen läßt (Homospermidin-Synthase / Nicotin-Adenin-Dinucleotid, HSS / NAD[+]). Dementsprechend baut die Pflanze auch [14]C- und ^{13}C-markiertes Homospermidin in das Retronecin ein. Die enzymatische Oxidation des Homospermidins führt zum Dialdehyd im Gleichgewicht mit dem cyclischen Immonium-Ion und 1-Formylpyrrolizidin als Vorstufe des (–)-

Trachelanthamidins und des (+)-Retronecins. Das durch biomimetische Synthese erhaltene ^{14}C-Immonium-Salz verwertet die Pflanze ebenfalls zum Aufbau des Retronecins. Diese Experimente stützen den in Abb. 14 skizzierten Biosynthese-weg.

6.3   Biogenese der Lysergsäure in *Claviceps purpurea*

Kulturen von *Claviceps purpurea* bauen 2-^{14}C-markiertes Indol in den Lysergsäu-re-Teil des Ergotamins ein, wobei sich die Einbaurate bei gleichzeitiger Zugabe von Serin erhöht. Demnach synthetisiert der Mutterkorn-Pilz das Tryptophan aus Indol und Serin [54]. Auch β-^{14}C-markiertes Tryptophan wird eingebaut, nicht jedoch β-^{14}C-markiertes Tryptamin, so daß eine Decarboxylierung von Tryptophan zu Tryptamin vor dem Einbau in das Lysergsäure-System unwahrscheinlich ist [54].

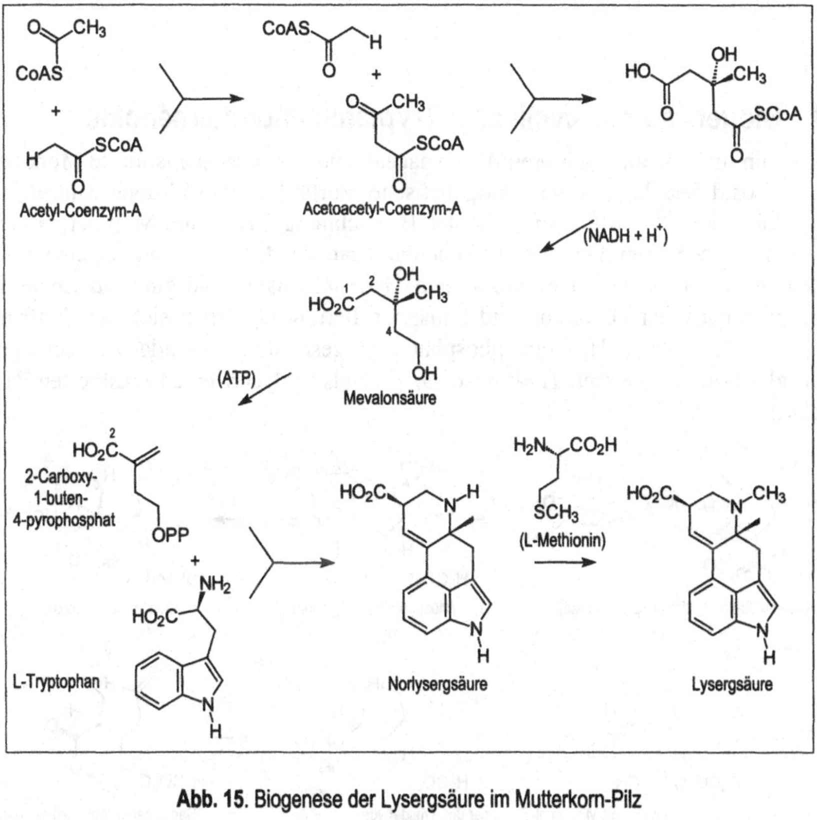

Abb. 15. Biogenese der Lysergsäure im Mutterkorn-Pilz

Weitere Versuche zeigten, daß der Pilz 2-^{3}H- und 4-^{3}H- sowie 2-^{14}C-markierte Mevalonsäure mit hohen Raten in das Ergolin-System einbaut. Da die Zugabe von 1-^{14}C-markierter Mevalonsäure zu inaktiven Alkaloiden führte, wird das Carboxy-C-Atom der Mevalonsäure nicht eingebaut. Daß die Mevalonsäure nicht als solche, sondern als aktiviertes Isoprenoid in das Ergolin eintritt, zeigte sich an der Abnahme der Einbaurate von 2-^{14}C-markierter Mevalonsäure bei gleichzeitiger Gabe von Isopentenyl-oder Dimethylallylpyrophosphat.

Tryptophan und das aus Mevalonsäure entstehende 2-Carboxy-1-buten-4-pyrophosphat als aktives Isoprenoid sind demnach die biogenetischen Vorstufen des Ergolin-Systems (Abb. 15) [54]. Die Mevalonsäure entsteht wie bei der Terpen-Biosynthese nach dem Prinzip der „Esterkondensation" aus „aktivierter Essigsäure" (Acetyl-Coenzym-A). Reduktionen erfolgen mit dem Enzym-Cofaktor NADH+H$^+$ (Nicotinamid-Adenin-Dinucleotid), Phosphorylierungen mit ATP (Adenosintriphosphat). Die *N*-Methyl-Gruppe übernimmt das Ergolin durch Transmethylierung aus L-Methionin, wie es durch hohe Einbauraten von ^{14}C-SCH$_3$-L-Methionin nachgewiesen wurde.

6.4   Biogenese polycyclischer Tryptamin-Monoterpenoide

Tryptamin und das aus mehreren Apocynaceae und Loganiaceae isolierte Monoterpen-Glucosid Secologanin sind biogenetische Vorläufer einer Gruppe zahlreicher Indol-Alkaloide [3,117], die man unter der Bezeichnung Tryptamin-Monoterpenoide zusammenfassen kann. Durch mehrfache enzymatische Oxidation und Cyclisierung bilden die Pflanzen aus dem Monterpen Geraniol das Iridoid-glucosid Loganin. Nach enzymatischer Oxidation und Phosphorylierung *(1)* öffnet sich der Fünfring unter Abspaltung von Hydrogenphosphat zum geschützten Trialdehyd Secologanin-β-glucosid *(2)*. Dessen Hydrolyse *(3)* gibt als Aglycon einen maskierten Trialdehyd:

Loganin (Iridosid, Monoterpenglucosid)   phosphoryliertes Loganin   Secologanin (Glucosid)

Trioxo- und Monoenol-Tautomer des Trialdehyds   Secologanin (Aglycon)

Secologanin cyclisiert in *Corynanthe yohimbe* (Rubiaceae) und *Rauwolfia serpentina* (Apocynanceae) mit Tryptamin über Corynantheidin zum Ajmalicin [3,117]. Diese Cyclisierung resultiert formal durch Öffnung des Cyclohalbacetals Secologanin in Form seines Aglycons zum dreifach elektrophilen Trialdehyd.

Tryptamin + Secologanin   (–) - Corynantheidin   (–) - Ajmalicin
(Aglycon)

Die in pflanzlichen Zellsuspensionskulturen aufgeklärte enzymatische Biosynthese des Ajmalins beginnt mit der Cyclisierung von Tryptamin und Secologanin zum Glucoalkaloid Strictosidin, das wahrscheinlich als Biosynthese-Vorstufe fast aller monoterpennoider Indol-Alkaloide auftritt.

Weitere Zwischenstufen auf dem insgesamt fünfzehnstufigen Biosyntheseweg zum Ajmalin sind Geissoschizin, Polyneuridinaldehyd und Vomilenin.

6.5 Biogenese der Isochinolin-Alkaloide im Schlafmohn

6.5.1 Biogenese der Aminosäure-Vorstufen

Die Biosynthese der Isochinolin-Alkaloide im pflanzlichen Organismus beginnt mit dem Aufbau der Aminosäuren L-Phenylalanin und L-Tyrosin aus Phosphoenolbrenztraubensäure und D-Erythrose-4-phosphat über Dihydrochinasäure, Dehydroshikimisäure und Shikimisäure.

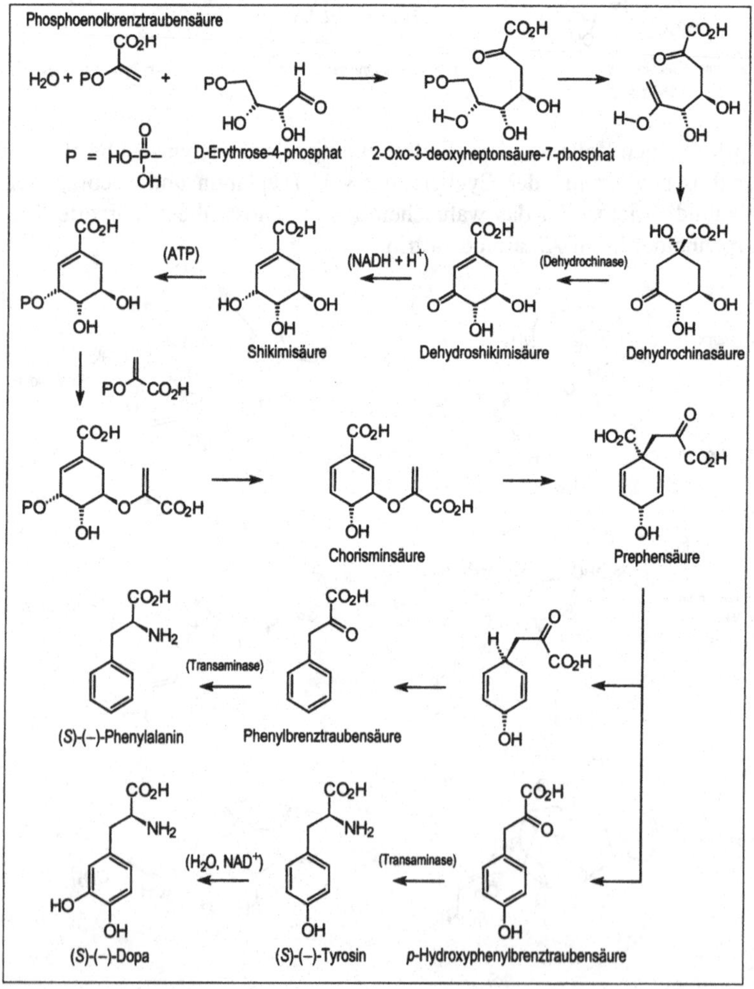

Abb. 16. Biogenese der Aminosäuren Phenylalanin und Tyrosin als Vorstufen der Isochinolin-Alkaloide

Aus Shikimisäure entsteht nach Phosphorylierung die Chorisminsäure, welche durch CLAISEN-Umlagerung zu Prephensäure isomerisiert. Aus Prephensäure bilden sich über die entsprechenden α-Ketosäuren durch Transaminierung die Aminosäure-Vorstufen Phenylalanin und Tyrosin (Abb. 16).

6.5.2 Biogenese der Benzylisochinolin-Alkaloide im Schlafmohn

Durch Markierungsexperimente und auf enzymatischer Ebene fast vollständig aufgeklärt wurde die Biosynthese der Benzylisochinolin-Alkaloide (Abb. 17) und des Morphins (Abb. 18) aus Tyrosin im Schlafmohn *Papaver somniferum* [82,118].

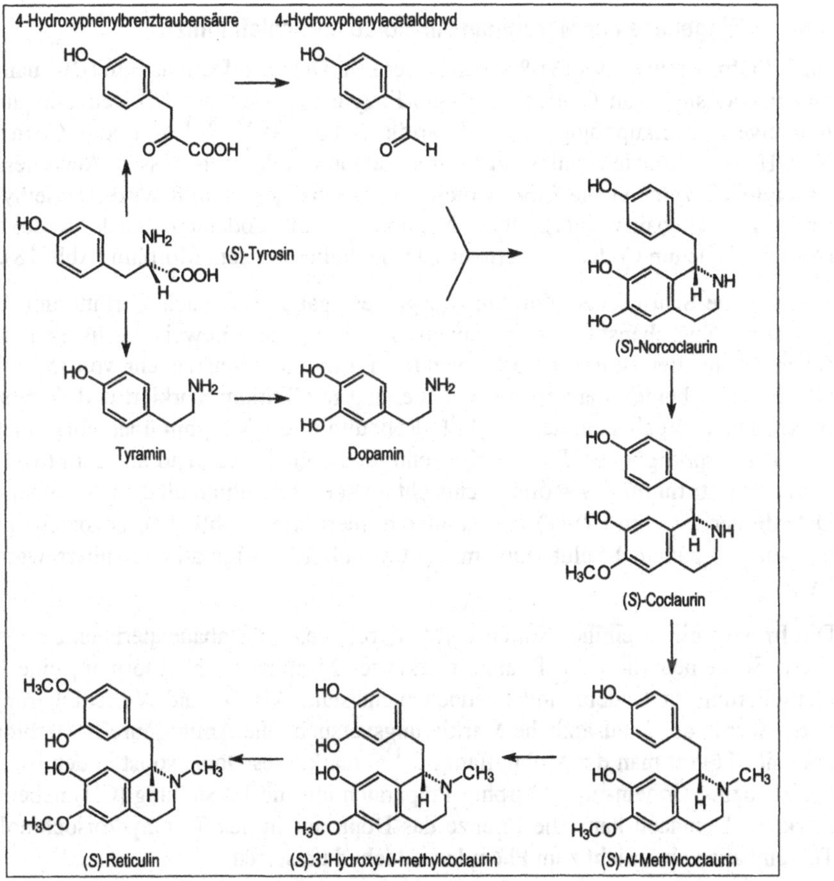

Abb. 17. Biogenese des (S)-Reticulins, der Vorstufe zahlreicher Isochinolin-Alkaloide

Demnach wird Tyrosin einerseits zum 4-Hydroxyphenylacetaldehyd desaminiert und decarboxyliert, andererseits nach Decarboxylierung über Tyramin zu Dopamin (3,4-Dihydroxyphenylalethylamin) hydroxyliert. 4-Hydroxyphenylacetaldehyd und Dopamin cyclisieren enzymatisch in Analogie zur Isochinolin-Synthese nach PIC-TET-SPENGLER zum (S)-Norcoclaurin. Aus diesem entsteht nach drei Methylierun-gen und einer Hydroxylierung das (S)-(+)-Reticulin, die Vorstufe der über 3000 bisher aufgeklärten Isochinolin-Alkaloide (Abb. 17).

6.5.3   Biogenese der Morphinan-Alkaloide im Schlafmohn

Im Schlafmohn wird das (S)-Reticulin über sein Dehydro-Derivat zum (R)-Enantio-mer isomerisiert. Ein Cytochrom-P-450-Enzym cyclisiert das (R)-Reticulin durch oxidative Phenolkupplung zum Salutaridin (Abb. 18) [82,118]. Das Redox-Coenzym NADH+H$^+$ reduziert Salutaridin zum Salutaridinol, nach dessen Acetylierung (Acetyl-Coenzym A) die Ether-Brücke des Thebains geknüpft wird. Demethylie-rung des Thebains führt über Neopinon zum Codeinon, nach Reduktion (NADH+H$^+$) zum Codein und erneuter Demethylierung zum Morphin (Abb. 18).

Wesentliche Schritte der Morphin-Biosynthese gaben sich nach Verfütterung ^{14}C-markierter Zwischenstufen zu erkennen. So wurden zum Beweis der für den steri-schen Ablauf der Biosynthese notwendigen Konfigurationsumkehr von (S)- nach (R)-Reticulin beide Enantiomere in 1-Stellung mit Tritium markiert und dann ver-füttert. Dabei ergab sich, daß (R)-1-^{3}H-Reticulin in ein Morphin übergeht, welches 60% der ursprünglichen Tritium-Konzentration enthält, während aus dem (S)-1-T-Enantiomer tritiumfreies Morphin entsteht. (S)-(+)-Reticulin muß demnach über das Dehydroderivat zum (R)-(–)-Enantiomer isomerisieren (Abb. 18), bevor es durch das Enzym zum (+)-Salutaridin mit (–)-Morphin-Konfiguration oxidiert werden kann.

Die Irreversibilität einiger Stufen wurde durch weitere Einbauexperimente abgesi-chert. So demethyliert die Pflanze markiertes Morphin zu Normorphin; eine Re-methylierung zu Codein findet jedoch nicht statt. Als O- und N-Methylierungs-mittel wurde durch zusätzliche Markierungsversuche die Aminosäure L-Methionin erkannt. Füttert man der Mohnpflanze 2-^{14}C-markiertes Dopa, so ist in den isolier-ten Thebain-, Codein- und Morphin-Präparaten nur die 16-Stellung (CH$_2$ neben N) markiert. Demnach kann die Pflanze das Dopa nur in den Tetrahydroisochinolin-Teil einbauen aber nicht zum Phenylacetaldehyd umsetzen.

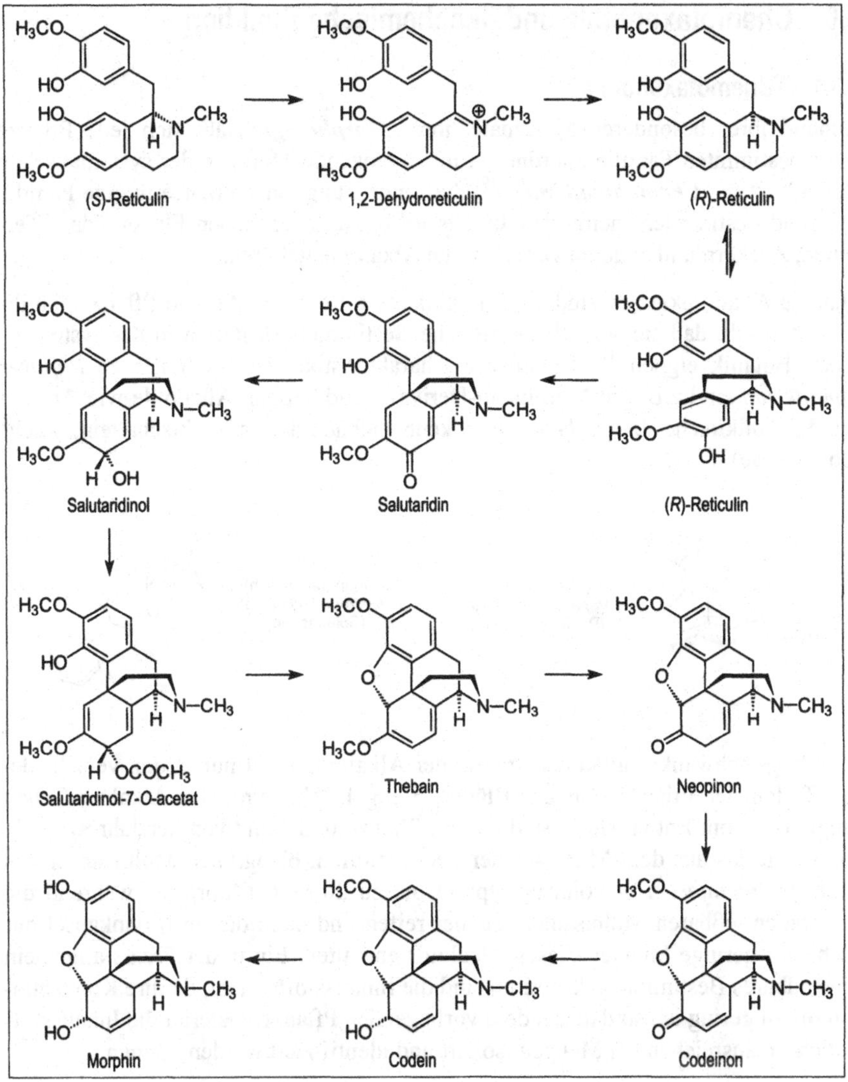

Abb. 18. Biogenese des Morphins aus (S)-Reticulin in *Papaver somniferum*

6.6   Chemotaxonomie und ökochemische Funktion

6.6.1   Chemotaxonomie

Anhand ihrer besonderen Merkmale, ihrer *Morphologie*, läßt sich jede Pflanze einer bestimmten Familie zuordnen. Eine ergänzende Methode der systematischen Botanik ist die *Chemotaxonomie* [119], die Einordnung einer Pflanze in eine Familie aufgrund bestimmter chemischer Inhaltsstoffe, zu denen neben Flavonoiden, Terpenen, Zuckern und anderen vor allem die Alkaloide gehören.

Manche Alkaloidklassen sind als Hauptinhaltsstoffe für bestimmte Pflanzenfamilien so typisch, daß sie sich als spezifische Bestimmungskriterien in der systematischen Botanik eignen [119]. Chemische Charakteristika der Mohnpflanze *Papaver somniferum* sind z.B. die Morphinan-Derivate, und Tropan-Alkaloide wie Atropin aus der Tollkirsche *Atropa belladonna* kennzeichnen dieses Nachtschattengewächs (Solanaceae).

(–)-Morphin
aus *Papaver somniferum*
(Papaveraceae)

Atropin (racemisch)
aus *Atropa belladonna*
(Solanaceae)

Allerdings schwankt die Konzentration der Alkaloide nicht nur in den verschiedenen Teilen der Pflanze (Blüten, Blätter, Stengel, Wurzeln); der Alkaloid-Gehalt hängt auch vom Entwicklungsstadium der Pflanze und damit von der Jahreszeit ab. So enthält das aus dem Milchsaft der noch unreifen, blaßgrünen Mohnkapsel von *Papaver somniferum* gewonnene Opium bis zu 20 % (–)-Morphin, während die blaugrauen, eßbaren Mohnsamen aus der reifen und dann dürren Mohnkapsel nur noch sehr geringe Mengen dieses Alkaloids enthalten. Ein in der Praxis allgemein anwendbares Bestimmungskriterium sind die Inhaltsstoffe nicht, da ihre Konzentration oft zu gering ist, so daß aus dem vorliegenden Pflanzenmaterial die Inhaltsstoffe nicht in ausreichenden Mengen isoliert und identifiziert werden können.

Tab. 6 (S. 114-115) gibt einen Überblick der in verschiedenen Pflanzenfamilien enthaltenen Alkaloide und zeigt, daß einige Pflanzenfamilien sehr vielseitige Alkaloidproduzenten sind, z.B. die Apocynaceae, Liliaceae und Papaveraceae. Mehrere Varianten der Indol-Alkaloide, allen voran die Plumerane, sind eine ausgesprochende Domäne der Subfamilie der *Plumerioideae* der Apocynaceae [3,119], während sich die Subfamilie *Senecionae* der Asteraceae (Compositae) auf Pyrrolizidin-Alkaloide vom Necin-Ester-Typ spezialisiert hat [33]. Cyclopeptid-Alkaloide wurden bisher überwiegend in den Rhamnaceae und Ranunculaceae gefunden. Taxan-

Alkaloide gelten als Spezialität der Taxaceae. Ergoline, die typischen Inhaltsstoffe des Mutterkorn-Pilzes, sind eine Rarität in höheren Pflanzen (Convolvulaceae).

Leider hängt die Aussagekraft der Chemotaxonomie sehr von der Qualität der Literaturangaben über die Naturstoff-Strukturen ab. Es gibt nur wenige Pflanzen wie z.B. Tabak (*Nicotiana tabacum*) oder Mohn (*Papaver somniferum*), deren Wirkstoffe aufgrund kommerzieller oder medizinischer Interessen weitgehend aber keineswegs vollständig aufgeklärt sind. Da die Konzentration der Inhaltsstoffe gering ist, zudem größere Pflanzenmengen oft fehlen oder einfach nicht aufgearbeitet werden, kennt man von den meisten Pflanzen nur die mengenmäßig prominentesten Inhaltsstoffe, und dies nur lückenhaft: Vielfach fehlen in der Literatur genaue Angaben über die Pflanzenteile (Blätter, Blüten, Rinde, Rhizome, Samen, Wurzeln), aus denen die Verbindungen isoliert wurden, und über die Erntezeit, obwohl bekannt ist, daß der Wirkstoffgehalt in den Pflanzenteilen und in verschiedenen Stadien des Wachstums variiert. Oft wurde ein Wirkstoff nicht genügend rein isoliert, so daß die angegebene, stark von der Reinheit abhängige spezifische Drehung $[\alpha]_D$ eines Alkaloids in der einen Pflanze keine präzise Identifizierung eines bestimmten Stereoisomers (oder Enantiomers) in einer anderen Pflanze zuläßt.

6.6.2   Ökochemische Funktion

Im Zusammenhang mit der Biosynthese der Alkaloide stellt sich die Frage, warum z.B die Mohnpflanze Morphin-Alkaloide als sekundäre Inhaltsstoffe synthetisiert, obwohl sie diese zum Leben zunächst nicht benötigt. Insekten nutzen einige Alkaloide als Pheromone. Daneben erfüllen viele Alkaloide eine *ökochemische Funktion*, indem sie die Pflanze, den Pilz oder das Tier nicht nur vor Fraßfeinden (Mensch und Tier), sondern auch vor Krankheitserregern (Viren, Bakterien, Pilze) schützen. Neue in Pflanzen gefundene Alkaloidstrukturen sind daher potentielle Leitstrukturen zur Entwicklung neuer Pharmaka und Pflanzenschutzmittel.

Die Schutzfunktion der Alkaloide wird daran deutlich, daß bestimmte Pflanzen nicht von Insekten befallen oder vom Weidevieh gefressen werden. Pyridin-Alkaloide wie (–)-*Nicotin* schützen die Tabakpflanze (*Nicotiana tabaccum*) vor saugenden Insekten wie Läusen. Weidevieh meidet die *Senecionae*, sehr wahrscheinlich wegen ihres Gehalts an Pyrrolizidin-Alkaloiden [33], solange kein Mangel an anderem Futter herrscht. Die Kühe auf alpinen Weiden meiden den Eisenhut (*Aconitum napellus*), vermutlich wegen der toxischen Aconitine. Keine Läuse und Pilze befallen die nadelförmigen Blätter der Eiben (Taxaceae) mit den toxischen Taxan-Alkaloiden; nur die Vögel fressen den alkaloidfreien, roten Arillus mit dem Samen im Spätsommer und tragen so zur Verbreitung der Pflanze bei.

Tab. 6. Alkaloide ausgewählter Pflanzenfamilien

Acanthaceae	Chinazoline
Aizoaceae	Pyrrolidine
Amaryllidaceae	Isochinoline (Lycorin-Typ), Tetrahydroisochinoline
Ancistrocladaceae	Naphthyl(tetrahydro)isochinoline, Tetrahydroisochinoline
Annonaceae	Aporphine, Benzylisochinoline
Apocynaceae	Carbazole, β-Carboline, Eburnamine, Heteroyohimbane,
	Hydrocarbazole, Indole, Indolo[2,3-*b*]azepine
	Lactame biogener Amine, Piperidine, Plumerane, Steroide,
	Yohimbane
Asclepiadaceae	Phenanthroindolizidine
Asteraceae	Chinolone, Pyrrolizidine
Berberidaceae	Bibenzylisochinoline, Berbine, Phthalidisochinoline
Boraginaceae	Pyrrolizidine
Buxaceae	Steroide
Cactaceae	Phenylethylamine, Tetrahydroisochinoline
Calycanthaceae	Diyhdropyrrolidino[2,3-*b*]indole
Campanulaceae	Piperidine
Celastraceae	Pyridine
Chenopodiaceae	Tetrahydroisochinoline
Convolvulaceae	Ergoline
Cyperaceae	β-Carboline
Dioncophyllaceae	Naphthyl(tetrahydro)isochinoline
Elaeagnaceae	β-Carboline
Elaeocarpaceae	Indolizidine
Ephedraceae	Phenethylamine
Erythroxylaceae	Tropane
Euphorbiaceae	Chinolizidine, Dihydropyrrolidino[2,3-*b*]indole,
	Imidazole, Yohimbane,
Fabaceae	Chinolizidine, Indolizidine, Lactame biogener Amine, Pyridine
Fumariaceae	Benzylisochinoline, Protoberberine, Spirobenzylisochinoline,
	Tetrahydroisochinoline,
Garryaceae	Diterpene (Atisin-Typ)
Gentianaceae	Pyridine
Gramineae	Pyrrolizidine
Gyrostemonaceae	Lactame biogener Amine
Hydrangeaceae	Chinazoline
Hydrastidaceae	Phthalidisochinoline
Hypecoaceae	Protopine

Tab. 6. Alkaloide ausgewählter Pflanzenfamilien, Forsetzung

Lauraceae	Benzylisochinoline
Leoticaceae	Chinolizidine
Liliaceae	Aporphine, Acylamine (Colchicin), Homoaporphine, Homoproaporphine, Proaporphine, Steroide
Loganiaceae	monoterpenoide Hexahydrocarbazole (*Strychnos*-Alkaloide)
Lycopodiaceae	Indolizidine, Chinolizidine
Magnoliaceae	Aporphine, Homoaporphine
Menispermaceae	Bisbenzylisochinoline, Morphinane
Moraceae	Lactame biogener Amine, Phenethylamine
Naucleaceae	Heteroyohimbane
Nymphaeaceae	Chinolizidine
Orchidaceae	Indolizidine, Pyrrolidine, Pyrrolizidine
Papaveraceae	Aporphine, Benzophenanthridine, Benzylisochinoline, Protoberberine, Morphinane, Phthalidisochinoline, Protopine
Passifloraceae	β-Carboline
Periplocaceae	γ-Carboline
Piperaceae	Pyrrolidine, Piperidine
Polygonaceae	β-Carboline
Punicaceae	Granatane
Ranunculaceae	Aporphine, Diterpene (Atisin-, Aconan-Typ), Phthalidisochinoline, Cyclopeptide
Rhamnaceae	Cyclopeptide
Rubiaceae	Benzo[a]hexahydrochinolizine, Chinoline, Heteroyohimbane, Yohimbane
Rutaceae	Acridine, Protoberberine, Chinolone, Furochinoline, Pyridine
Saxifragaceae	Pyrimidine
Scrophulariaceae	Chinazoline, Pyrrolizidine
Simarubaceae	Canthine
Solanaceae	Pyridine, Steroide, Tropane
Symplocaceae	β-Carboline
Taxaceae	Diterpene (Taxan-Typ)
Umbelliferae	Piperidine
Valerianaceae	terpenoide Pyridine
Zygophyllaceae	β-Carboline, Chinazoline

Das biogenetisch vom Tryptophan abstammende 2,4-Dihydroxy-2H-1,4-benzoxazin-3-(4H)-on (DIBOA) sowie sein Methoxy-Derivat (DIMBOA) kommen in den Getreidearten Mais (*Zea mays*), Roggen (*Secale cereale*), Weizen (*Triticum aestivum*) und anderen Gräsern (Poaceae) frei und als β-Glucoside vor. Sie schützen diese Pflanzen vor Insekten (Blattläusen), Pilzen und Bakterien [2,3]. Der Schutz wird nicht nur auf die Gegenwart dieser Hydroxamsäure-Cyclohalbacetale an sich, sondern auch auf deren enzymatische Hydrolyse in die das Pilz- und Bakterienwachstum hemmende Ameisensäure sowie Benzoxazolidin-2-on über intermediäres o-Hydroxyphenylisocyanat zurückgeführt [3].

R = H   : DIBOA
R = OCH$_3$: DIMBOA

Die Mohnpflanze demonstriert eindrucksvoll, wie sie sich hauptsächlich durch Morphin vor Fraßfeinden schützt, z.B. vor den in Indien wütenden Heuschreckenschwärmen [82]. Die Heuschrecken nagen die Pflanze an, saugen den milchigen Mohnsaft auf, werden durch das Morphin betäubt und steifgliedrig. Sie fallen von einer Pflanze ab, krabbeln träge an einer anderen hoch, fressen weiter und fallen erneut herunter. Das sich härtende Opium verklebt ziemlich schnell die Freßwerkzeuge. Die schließlich aufgenommene Dosis an toxischen Opium-Alkaloiden führt zum Verenden der Heuschrecken. Tatsächlich meiden die meisten anderen Insekten den Schlafmohn, solange es alternative Nahrung gibt.

Die Alkaloide der Tiere stammen oft aus ihrem Futter. So sinken Toxizität und Alkaloid-Gehalt des Hautsekrets einiger Giftfrösche in Gefangenschaft mit der Zeit. Daraus folgt, dass diese Frösche die Alkaloide nicht selbst produzieren, sondern mit der Nahrung aufnehmen, z.B. mit den Insekten (Ameisen, Hornmilben), die sie in Freiheit fressen [3] (S. 36). Offen bleibt dann die Frage, ob diese Insekten ihre Abwehr-Alkaloide selbst synthetisieren oder aus ihren Nahrungsquellen beziehen. Wahrscheinlicher ist letzteres, denn die Spezialisierung auf bestimmte Futterorganismen als Rohstoffe zur chemischen Abwehr ist im Tierreich durchaus üblich. So bildet sich Danaidon, das Sexualpheromon und der Abwehrstoff der *Danaus*-Schmetterlinge, biogenetisch aus Lycopsamin (S. 37) [3], das die Falter von ihren Wirtspflanzen (*Heliotropium*-Arten, Boraginaceae) aufnehmen.

7 Exemplarische Alkaloid-Synthesen

7.1 Pyrrolidine

■ Mesembrin

Zum Verständnis der Synthese des Pyrrolidin-Alkaloids *Mesembrin* **1** nach CURPHEY und KIM [120] wird retrosynthetisch [121] zunächst nach dem Prinzip der ROBINSON-Anellierung eines Enamins durch ein Enon mit CH-acider Methyl- oder Methylen-Gruppe in Dihydropyrrol **3** und Methylvinylketon **2** zerlegt. Das Dihydropyrrol **3** mit der für die Stereospezifität der Ringverknüpfung wesentlichen *cis*-Konfiguration an der Enamino-Doppelbindung bildet sich durch Dehydratisierung des Pyrrolidin-3-ols **4**, welches aus einer nucleophilen Addition des 3,4-Dimethoxyphenyllithiums **5** an *N*-Methylpyrrolidin-3-on **6** hervorgeht.

Zur Durchführung der Synthese [120] wird 4-Brombrenzcatechindimethylether **7** mit Butyllithium zum C-Nucleophil lithiiert, das direkt mit *N*-Methylpyrrolidin-3-on **6** zum 3-(3,4-Dimethoxyphenyl)-*N*-methylpyrrolidin-3-ol **4** abreagiert.

Säurekatalysierte Dehydratisierung gibt dann das 4-(3,4-Dimethoxyphenyl)-*N*-methyl-2,3-dihydropyrrol **3** als heterocyclisches Enamin, das mit Methylvinylketon in Acetonitril zum racemischen Mesembrin **1** cyclisiert.

7.2   Piperidine und Pyridine

7.2.1   Coniin

Historisch von Bedeutung als erste Alkaloid-Synthese (LADENBURG, 1886) ist die aus Lehrbüchern der Organischen Chemie bekannte Darstellung des racemischen *Coniins* **4** durch KNOEVENAGEL-Kondensation [122] von α-Picolin **1** (2-Methylpyridin) und Acetaldehyd **2** zu 2-Propenylpyridin **3** sowie dessen katalytische Hydrierung.

Eine enantioselektive Synthese des (*R*)-(−)-Coniins (**8** , R = *n*-C₃H₇) gelingt nach KUNZ und PFRENGLE [123] durch Tandem-MANNICH-MICHAEL-Reaktion des Imins **3** aus Butanal (**2**, R = C₃H₇) und 2,3,4,6-Tetra-*O*-pivaloyl-β-D-galactopyranosylamin **1** [Pi = –CO–C(CH₃)₃] mit 1-Methoxy-3-trimethylsilyloxy-1,3-butadien **4**.

Dabei entsteht das intermediäre β-Aminoalkylketon **5** (MANNICH-Reaktion [122]), welches durch intramolekulare nucleophile Addition der Amino-Funktion an die elektronenarme CC-Doppelbindung diastereoselektiv zum Dehydropiperidinon **6** cyclisiert (MICHAEL-Addition [122]). Hydrierung der CC-Doppelbindung mit Lithium-tri-*sec*-butylborhydrid (L-Selectrid) führt zum Piperidinon **7**, das nach Entschwefelung seines Dithiolans mit RANEY-Nickel und Abspaltung des Galactose-Auxiliars **1** fast enantiomerenreines (*R*)-(–)-Coniin (**8**, R = *n*-C$_3$H$_7$) ergibt.

Mit Pyridin-3-aldehyd führt die entsprechende Reaktionsfolge zum Pyridin-Alkaloid (*S*)-(–)-Anabasin (**8** = R = 3-Pyridyl). Die Diastereoselektivität wird durch die MANNICH-Reaktion diktiert, bei der das Dien **4** von der sterisch zugänglicheren, der Alkylgruppe R abgewandten Seite addiert.

Die Gewinnung des (*S*)-(–)-*Nicotins* aus Tabakabfällen ist viel wirtschaftlicher als die in fast allen Lehrbüchern beschriebene Synthese des racemischen Nicotins nach SPÄTH aus Nicotinsäureethylester und 1-Methyl-2-pyrrolidinon

7.2.2   (–)-**Epibatidin**

Als Schlüsselschritt einer enantioselektiven Synthese des wegen seiner pharmakologischen Aktivität (S. 32) hochinteressanten (–)-Epibatdidins **1** über 2-Oxa-3-azabicyclo[2.2.2]oct-5-en **2** eignet sich die [4+2]-Cycloaddition einer Nitroso-Verbindung **3** als Dienophil an 2-Chlor-5-(1,3-cyclohexadien-2-yl)pyridin **4** als 1,3-Dien. Dabei muß das Nitroso-Dienophil sowohl die chirale Information enthalten als auch die Umwandlung zur sekundären Amino-Brücke in der Zielverbindung **1** zulassen.

1   **2**   **3**   **4**

Zur Realisierung nach KIBAYASHI [124] wird 8-(2-Naphthyl)menthol mit Triphosgen und Pyridin in Dichlormethan zum Kohlensäureesterchlorid **5** umgesetzt. Dieses reagiert mit *N,O*-Bis(trimethylsilyl)hydroxylamin zur Hydroxamsäure **6** als Vorstufe des chiralen Nitroso-Dienophils **3**, in dem der Naphthyl-Rest die Annäherung

des 1,3-Diens nur von vorne zuläßt, weil er die „Hinterseite" durch „π-stacking"
abschirmt:

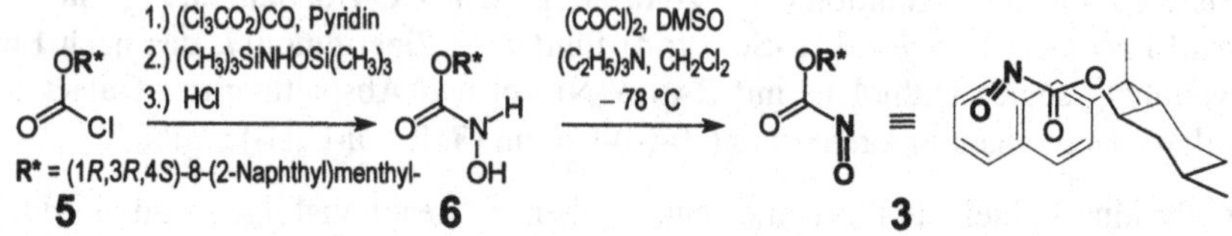

Die Alkylierung des 2-Chlor-5-iodpyridins **8** mit dem aus 2-Brom-1,3-cyclohexa-
dien zugänglichen 1,3-Cyclohexadien-2-yl-magnesiumbromid **7** liefert das Dien **4**,
an welches das *in situ* durch SWERN-Oxidation [122] präparierte Acylnitroso-Dieno-
phil **3** cycloaddiert. Als Hauptprodukt entsteht das gewünschte Diastereomer **9**,
welches zum substituierten 2-Oxo-3-azabicyclo[2.2.2]octan **10** hydriert wird. Nach
reduktiver Abspaltung des chiralen Auxiliars und *t*-Butoxycarbonylierung mit Py-
rokohlensäuredi-*t*-butylester („Boc-Anhydrid") wird die NO-Bindung in **11** mit
Molybdänhexacarbonyl gespalten. Der resultierende *N*-Boc-aminoalkohol **12** wird
unter Inversion der Konfiguration mit Tetrabrommethan und Triphenylphosphan
bromiert. Rückflußerhitzen des Bromamins **13** in Chloroform gibt das mit dem
Naturstoff identische (–)-Epibatidin **1**.

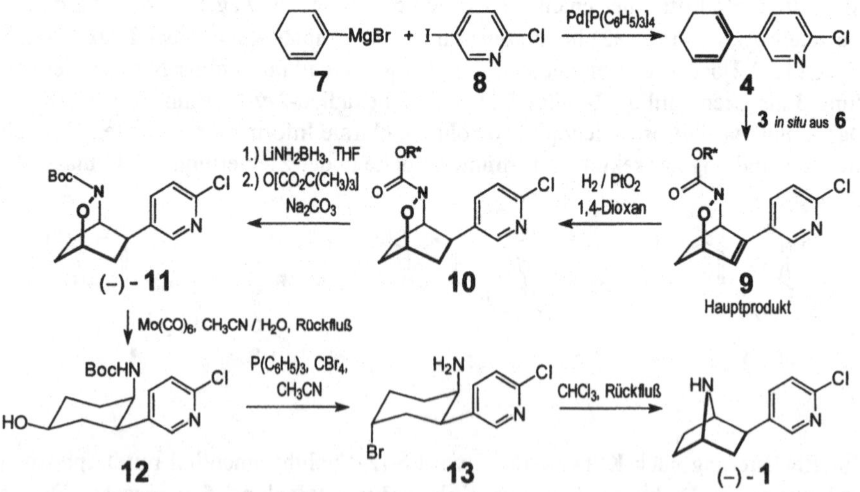

7.2.3 (–)-Actinidin

Bei einer enantiospezifischen Synthese des (S)-(–)-*Actinidins* **1** [125] bringt das (S)-(–)-Pulegon **5** als Edukt die korrekte absolute Konfiguration ein. Herausnahme des Pyridin-Stickstoff-Atoms gibt formal das Terpen-Grundskelett **2**; Umfunktionierung der mittleren Methyl-Gruppe zum Carbonsäureester **3** führt zum Produkt einer FAVORSKII-Umlagerung [122] des (S)-2-Brompulegons **4**, das durch Bromierung des (S)-Pulegons **5** erzeugt wird.

Zur Durchführung der Synthese wird (S)-(–)-Pulegon **5** zum 2-Brompulegon **4** bromiert und letzteres mit Natriummethanolat der FAVORSKII-Umlagerung unterzogen. Die Einführung des für den Pyridin-Ring notwendigen N-Atoms wird durch Ozonolyse des Umlagerungsprodukts **3** zum Keton **6** vorbereitet.

Eine Aldol-Reaktion [122] mit Cyanessigsäuremethylester, Dehydratisierung zum Cyclopenten-Derivat **7** und C-Alkylierung mit Iodmethan gibt den Cyanodiester **8**, der nach Hydrolyse von Ester- und Nitril-Funktion unter Decarboxylierung über die intermediäre Amidocarbonsäure **9** zum Hydroxypyridon **10** cyclisiert. Dieses wird durch Phosphorylchlorid zum α,α′-Dichlorpyridin **11** chloriert, dessen katalytische Hydrierung Actinidin **1** mit der korrekten absoluten Konfiguration ergibt.

7.3 Tropane

■   Tropinon

Die retrosynthetische Spaltung [121] einer der beiden CC-Bindungen zwischen *N*-Atom und Carbonyl-Gruppe im Tropinon **1** nach dem Prinzip der MANNICH-Reaktion [122] (β-Aminoalkylierung CH-acider Carbonyl-Verbindungen) führt zum Carbenium-Immonium-Ion **2** als Elektrophil mit acider Methylen-Gruppe als C-Nucleophil.

Dieselbe Zerlegung der zweiten CC-Bindung zwischen *N* und Carbonyl in der Vorstufe **3** gibt die Edukte Succindialdehyd **4**, Methylamin **5** und Acetondicarbonsäure **6** einer biomimetischen Synthese des Tropinons **1** bei pH = 5-6 und Zimmertemperatur nach ROBINSON und SCHÖPF [126]. Analog ist Pseudopelletierin (S. 35) aus Glutardialdehyd, Methylamin und Acetondicarbonsäure zugänglich [127]. Reduktion des Tropinons **1** mit Lithiumaluminiumhydrid liefert Tropan-3α-ol **7a** und Tropan-3β-ol **7b**.

7.4 Pyrrolizidine, Indolizidine, Chinolizidine

7.4.1 Pyrrolizidine

■ Platynecin

Naheliegende Vorstufe einer Synthese des Platynecins **1** [128] ist das tricyclische
Lacton **3** der Hydroxycarbonsäure **2**, das sich durch Reduktion der bicyclischen
Ketosäure **4** bildet. Letztere entsteht bei der Verseifung und Decarboxylierung des
Primärprodukts **5** einer DIECKMANN-Esterkondensation [122] des *N*-Alkoxycarbonyl-
ethyl-*cis*-2,3-dialkoxycarbonylpyrrolidins **6**, seinerseits Addukt einer nucleophilen
Addition des *cis*-2,3-Pyrrolidindicarbonsäurediesters **7** an Acrylsäureester **8**. Der
cis-Diester **7** legt die korrekte relative Konfiguration für den diastereoselektiven
Verlauf der Synthese fest; er entsteht durch Hydrierung des 2,3-Dialkoxycarbonyl-
pyrrols **9**.

Die Synthese gelingt nach diesem Konzept, wobei anstelle des Pyrrol-2,3-dicarbon-
säurediesters **9** 4,5-Diethoxycarbonyl-2,3-dihydropyrrol **10** eingesetzt wird, das aus
4-Iodbutansäurediester **11** über 4-(*N,N*-Dibenzylamino)butansäureester **12** und dem
daraus durch CLAISEN-Esterkondensation [122] mit Oxalsäurediethylester dargestell-
ten Ketoester **13** zugänglich ist [128].

Katalytische Hydrierung des Dihydropyrrols **10** gibt den *cis*-2,3-Pyrrolidin-dicarbonsäurediester **7**. Dessen Addukt mit Acrylsäureethylester **8** cyclisiert nach DIECKMANN [122] direkt zum bicyclischen Ketodiester **5**, der nach Verseifung und Decarboxylierung der Alkoxycarbonyl-Gruppe α zur Keto-Funktion und nach-folgender Borhydrid-Reduktion bereits das tricyclische Lacton **3** der *cis*-7-Hydroxypyrrolizidin-1-carbonsäure **2** bildet. Die Reduktion des Lactons **3** gibt schließlich das racemische Platynecin **1** [128].

7.4.2 Indolizidine

■ **Swainsonin**

Eine enantiospezifische Synthese des Swainsonins **1** nach FLEET [129] geht von D-Mannose **2** aus, die in den Pyranose-Formen **2a** und **2b** (gezeichnet sind die durch 180°-Drehungen ineinander überführbaren Keilstrich-Projektionsformeln der α-D-Mannopyranose) an den Stereozentren C-2 und C-3 dieselbe Konfiguration besitzt wie die hydroxylierten Fünfring-C-Atome des Swainsonins **1**.

Schließt sich der Pyrrolidin-Ring im Swainsonin **1** durch reduktive Aminierung der Aldehyd-Funktion in der Vorstufe **3** und der Piperidin-Ring in der Vorstufe **3** durch reduktive Aminierung des α,β-ungesättigten Aldehyds **4**, so ist die weitere retrosynthetische Zerlegung [121] zur geschützten Mannose klar: Der α,β-ungesättigte Aldehyd **4** ergibt sich durch WITTIG-Alkenylierung [122] des Aldehyds **5**, dem Oxidationsprodukt der freigelegten primären Alkohol-Funktion des 4-Azidomannopyranosids **6**, das sich durch stereospezifische S_N-Reaktion des geschützten Mannopyranosids **7** bildet.

Zur Durchführung der Synthese werden zuerst die primäre Alkohol-Funktion des Benzyl-α-D-mannopyranosids **8** mit *t*-Butyldiphenylchlorsilan als Silyloxy-Derivat, dann die *cis*-Hydroxy-Gruppen in 2,3-Stellung mit Aceton/Acetondimethylketal als Ketal geschützt, so daß die in **9** noch freiliegende C-4–OH-Gruppe nach COLLINS mit Pyridiniumchlorochromat zum Keton **10** oxidiert werden kann. Das durch Borhydrid-Reduktion entstandene Epimer **11** ergibt dann über den Trifluormethansulfonsäureester **12** das Azid **13** mit der korrekten Konfiguration der als Azid maskierten künftigen Ring-Amino-Funktion. Nach Abspaltung der *t*-Butyldiphenylsilyloxy-Schutzgruppe mit Tetrabutylammoniumfluorid wird der freigelegte primäre Alkohol **14** mit Pyridiniumchlorochromat zum Aldehyd **15** oxidiert und dieser nach WITTIG [122] mit Triphenylformylphosphorylen zum Enal **16** alkenyliert.

Eine anschließende katalytische Hydrierung in Methanol bewirkt dreierlei: Die CC-Doppelbindung wird hydriert, die Azido-Gruppe zum primären Amin reduziert; Aldehyd und primäres Amin cyclokondensieren zum Imin, das zum bicyclischen Piperidin **17** weiterhydriert wird (reduktive Aminierung). Auch die abschließende katalytische Hydrierung in Essigsäure ist ein sehr effizienter Schritt: Essigsäure spaltet die Ketal-Schutzgruppe; im sauren Medium wird das Benzylglycosid hydrogenolytisch gepalten; der Trihydroxyaldehyd **3** cyclisiert zum bicyclischen Enamin, das zum Swainsonin **1** mit korrekter Konfiguration hydriert wird [129].

■   Tylophorin

Zur retrosynthetischen Zerlegung [121] des Tylophorins **1** bewährt sich eine 1,3-sigmatrope H-Verschiebung zum Isomer **2**, das sich als Produkt einer intramolekularen Imino-DIELS-ALDER-Reaktion [122] des Imino-Diens **3** mit elektronenarmer

Imino-Gruppe als Dienophil entpuppt. Diese Überlegung steckt hinter einer Synthese des Tylophorins 1 nach WEINREB [130].

Zur Durchführung der Synthese wird 2,3,4,5-Tetramethoxyphenanthren-9-aldehyd 4 mit 4-Phosphorylenbuttersäureethylester nach WITTIG [122] zum Dien 5 (R = C₂H₅) alkenyliert. Nach Ammonolyse des Esters 5 zum N,N-unsubstituierten Amid 6 wird dieses mit Essigsäurechlormethylester zum N-Acetyloxymethyl-Derivat 7 alkyliert.

Esterspaltung in saurer Lösung setzt die Hydroxymethyl-Gruppe frei; säurekataly-sierte Dehydratisierung des intermediären *N*-Hydroxymethylamids **8** führt dann über das elektronenarme Imin **9** direkt zum Hexahydroindolizin **10** (Imino-DIELS-ALDER-Reaktion [122]). Thermische 1,3-sigmatrope H-Verschiebung und anschlie-ßende Reduktion mit Lithiumaluminiumhydrid gibt racemisches Tylophorin **1** [130].

7.4.3 Chinolizidine

■   Porantherin

Die C-2–C-3-Doppelbindung des Porantherins **1** kann sich durch Dehydratisierung einer sekundären Alkohol-Funktion an C-2 (oder C-3) bilden. Dieser sekundäre Alkohol ist das Reduktionsprodukt des Ketons **2**, in dem sich die Keto-Funktion in zweifacher β-Stellung zum Amino-*N*-Atom befindet. Damit ist die weitere retro-synthetische Zerlegung [121] vorgezeichnet, denn Keton **2** entsteht dann durch MAN-NICH-Reaktion [122] der CH-aciden Methyl-Gruppe an das Carbenium-Immonium-Ion (MANNICH-Elektrophil) in **3**, das aus der Protonierung des Enamins **4** hervorgeht.

Vorstufe des Enamins **4** ist der Aminoaldehyd **5** (nucleophile Addition der sekundären Amino-Funktion an das elektrophile Aldehyd-C-Atom). Der Bicyclus **5** entpuppt sich wiederum als Produkt einer intramolekularen MANNICH-Reaktion [122] des Immonium-Salzes **6**, wobei nun die acide Methylen-Gruppe α zur Keto-Carbonyl-Funktion als C-Nucleophil agiert. Das Immonium-Salz **6** resultiert aus der Protonierung des Imins **7**. Dessen Vorstufe ist die Aminotricarbonyl-Verbindung **8**, deren Aldehyd-Funktion als konkurrierendes Elektrophil blockiert werden muß, am besten in Form einer Vinyl-Gruppe im Edukt **9**. Oxidative Spaltung dieser Vinyl-Gruppe durch Ozonolyse oder Dihydroxylierung und Glykolspaltung setzt die Aldehyd-Funktion vor der Cyclisierung von **5** zu **4** frei.

Die Synthese des Porantherins nach COREY [131] folgt in etwa diesem Konzept. Zur Darstellung des an allen Funktionen geschützten Aminodiketons **9** wird das Dioxolan **11** des 5-Chlor-2-pentanons **10** mit Magnesium in Diethylether zur GRIGNARD-Verbindung [122] **12** metalliert. Von dieser reagieren zwei Äquivalente mit Ameisensäureethylester zum symmetrisch substituierten sekundären Alkohol **13**. Die Oxidation mit COLLINS-Reagenz ergibt das Keton **14**, dessen Reaktion mit Methylamin zum Imin **15** führt.

Das Imin **15** als Elektrophil wird durch 1-Lithio-4-penten, seinerseits durch Lithiierung des 5-Brom-1-pentens zugänglich, zur geschützten Form **16** des bei der retrosynthetischen Zerlegung erdachten Edukts **9** C-alkyliert. Die Abspaltung der Ketal-Schutzgruppen mit 10 proz. wäßriger Salzsäure führt über das intermediäre Aminodiketon **17** direkt zum Enamin **18**, das in Gegenwart von *p*-Toluensulfonsäure und Isopropenylacetat über das Immonium-Salz **19** die intramolekulare MANNICH-

Reaktion [122] zum Bicyclus **20** eingeht. Zur Vorbereitung der späteren Abspaltung der *N*-Methyl-Gruppe wird diese durch COLLINS-Reagenz zur *N*-Formyl-Gruppe in

21 oxidiert. Dihydroxylierung der Vinyl-Gruppe mit Osmiumtetroxid und anschlie-ßende Glykolspaltung mit Natriumperiodat gibt dann den Ketoaldehyd **22**, dessen Carbonyl-Funktionen durch Acetalisierung bzw. Ketalisierung mit Glykol zu **23** in Gegenwart von *p*-Toluensulfonsäure erneut als Dioxolane geschützt werden. Die Spaltung der *N*-Formyl-Gruppe gelingt mit wäßrigem Kaliumhydroxid und führt zum bicyclischen Aminoacetalketal **24**. Von den im nächsten Schritt durch Hydro-lyse mit wäßriger Salzsäure freigelegten Carbonyl-Funktionen cyclisiert die elek-trophilere Aldehyd-Funktion mit dem Piperidin-Ring-*N*-Atom als Nucleophil zum tricyclischen Enamin **4**, das durch Erhitzen in Toluen bei Gegenwart katalytischer Mengen an *p*-Toluensulfonsäure die erneute intramolekulare MANNICH-Reaktion [122] zum tetracyclischen Keton **2** eingeht. Reduktion der Keto-Funktion zum sekun-dären Alkohol **25**, Substitution der OH-Funktion durch Thionylchlorid und durch Pyridin katalysierte Dehydrochlorierung von **26** liefern das racemische Porantherin **1** [131].

7.5 Indole

7.5.1 Lysergsäure

Ein Hindernis bei der Synthese der racemischen Lysergsäure **1** nach WOODWARD und KORNFELDT [132] ist zunächst die irreversible Isomerisierung der Lysergsäure zum 2*H*-Benzo[*c,d*]indol-Derivat **2** in saurer Lösung, ein Medium, das sich im Ver-lauf einer mehrstufigen Synthese kaum vermeiden läßt.

Daher wird die Synthese der 2,3-Dihydrolysergsäure **3** angestrebt und die Einfüh-rung der CC-Doppelbindung in 2,3-Stellung am Ende der Synthese vorgesehen. Die retrosynthetische Zerlegung der 2,3-Dihydrolysergsäure führt über das cycli-sche Cyanhydrin **4** zum Enon **5**, das aus der KNOEVENAGEL-Cyclokondensation [122] des Aminodiketons **6** resultiert. Das Aminodiketon **6** ist das Produkt einer nucleo-philen Substitution des α-Bromketons **7** durch das (ketal-geschützte) *N*-Methylaminoaceton. Das Bromketon **7** bildet sich durch α-Halogenierung des cyclischen Phenons **8**, welches aus einer Cycloacylierung der *N*-geschützten 3-(2,3-Dihydroindol-3-yl)-propansäure **9** hervorgeht.

Die Synthese beginnt dementsprechend mit der Cycloacylierung des aus 3-(1-Benzoyl-2,3-dihydroindolyl)-propansäure **9** (R = C_6H_5) und Thionylchlorid zugänglichen Säurechlorids **10**. Das entstehende tricyclische Keton **8** wird bromiert, das α-Bromketon **7** mit Methylaminoaceton-ethylenketal (2-Methyl-2-methylaminomethyl-1,3-dioxolan) **11** zum β-Aminoketal **12** umgesetzt. Saure Hydrolyse führt intermediär zum Diketon **6**, welches in Gegenwart von Methanolat zum Enon **5** cyclokondensiert. Nach erneuter Acylierung der 2,3-Dihydroindol-*NH*-Gruppe mit Acetanhydrid wird die Oxo-Funktion mit Natriumborhydrid zum sekundären Alkohol **13** reduziert. Aus ihm entsteht mit Thionylchlorid in flüssigem Schwefeldichlorid das Chlorcycloalkan; Natriumcyanid in flüssiger Blausäure substituiert direkt weiter zum Nitril; dessen Hydrolyse in methanolischer Schwefelsäure sowie die anschließende alkalische Hydrolyse zur Abspaltung der *N*-Acyl-Schutzgruppe ergibt die 2,3-Dihydrolysergsäure **3**. Diese wird durch Natriumarsenat und RANEY-Nickel zur racemischen Lysergsäure **1** dehydriert, welche sich über die diastereomeren Tartrate der Hydrazide in die Enantiomeren auftrennen läßt [132].

Eine alternative retrosynthetische Zerlegung der Lysergsäure **1** [133] führt zur Aminosäure Tryptophan **8** (S. 134). Die Doppelbindung in Ring D geht dabei aus der Hydroxycarbonsäure **2** bzw. ihrem Lacton **3** hervor. Die CN-Bindung in **3** schließt sich durch intramolekulare Alkylierung des Amins **4**. Die hierzu notwendige Brommethyl-Gruppe in **4** wird durch Hydrobromierung des Methylenlactons **5** (MARKOWNIKOW-Orientierung) eingeführt. **5** resultiert aus der Addition von metalliertem Methacrylsäureester an das *N*-geschützte Aminoketon **6**, seinerseits Produkt einer intramolekularen FIEDEL-CRAFTS-Acylierung [122] des geschützten 2,3-Dihydrotryptophans **7**.

Diesem Konzept folgt die Synthese der (+)-Lysergsäure **1** nach REBEK [133].

Dabei gibt die katalytische Hydrierung und Benzoylierung des L-Tryptophans **8** racemisches Di-*N*-benzoyl-2,3-dihydrotryptophan **7**. Eine intramolekulare FRIEDEL-CRAFTS-Acylierung liefert das tricyclische geschützte Diamin **6**, von dem nach Racemattrennung das gewünschte Enantiomer durch REFORMATSKY-Reaktion mit „gezinktem" Brommethacrylsäureethylester zum Spirolacton **5** umgesetzt wird. Die anschließende *N*-Methylierung mit Iodmethan und Hydrobromierung ergibt die *N*-geschützte Brommethyl-Verbindung **4**, welche mit Natriumhydrogencarbonat den Ring D in **3** schließt. Nach Spaltung des Lacton-Rings von **3** mit Thionylchlorid in Methanol und Dehydratisierung des tertiären Alkohols **2** wird die Dihydrolysergsäure **1a** mit Mangandioxid in Dichlormethan zu (+)-Lysergsäure **1** dehydriert.

7.5.2 Reserpin

Eine elegante Totalsynthese des Reserpins **1** gelang WOODWARD [134]. Zur Planung dieser Synthese wird zunächst der 3,4,5-Trimethoxybenzoesäureester gespalten. Die Zerlegung des Ringes *C* im Reserpinsäureester **2** nach dem Prinzip der BISCH-LER-NAPIERALSKI-Synthese [135] von Isochinolinen führt zum Lactam-Elektrophil **3**.

Das Lactam **3** ist das Folgeprodukt der Hydrierung des Imins **4**, welches aus 6-
Methoxytryptamin **5** und dem Aldehyd **6** nach dem Prinzip der reduktiven Aminierung von Carbonyl-Verbindungen entsteht. Der Cyclohexancarbaldehyd **6** liefert
den im Reserpin **1** mit Ring *D cis*-verknüpften Sechsring *E*. Zur Vorbereitung die-
ser *cis*-Verknüpfung bietet sich die Stereospezifität der DIELS-ALDER-Reaktion [122]
des 1-Methoxycarbonyl-1,3-butadiens **9** mit *p*-Benzochinon **8** an. Die CC- und CO-
Doppelbindungen im Primäraddukt **7** gestatten die Einführung der weiteren für
Ring *E* notwendigen funktionellen Gruppen. Die MEERWEIN-PONDORFF-VERLEY-
Reduktion [122] beider Carbonyl-Funktionen im Primäraddukt **7** unter gleichzeitiger
Spaltung des Methylesters gibt das Lacton **10**.

Bei der anschließenden Bromierung entsteht das intermediäre Bromonium-Ion an der sterisch weniger gehinderten (konvexen) Unterseite der Doppelbindung, so daß die nächstliegende Hydroxy-Gruppe als Nucleophil von der (konkaven) Rückseite die Ether-Brücke in **11** legt. Die basenkatalysierte Dehydrobromierung und nachfolgende nucleophile Addition von Methanol an die intermediäre CC-Doppelbindung führt stereospezifisch zum Methylether **12**.

Bei der anschließenden Bromierung der noch intakten CC-Doppelbindung bildet sich das Bromonium-Ion wieder auf der sterisch zugänglicheren Unterseite der CC-Doppelbindung, so daß durch Hydrolyse ein *trans*-Bromhydrin **13** entsteht, das zum α-Bromketon **14** oxidiert wird. Durch Reduktion mit Zink in Eisessig wird zum einen das Lacton zur Carbonsäure reduziert, zum andern unter gleichzeitiger Etherspaltung zum Enon **15** dehydrobromiert. Methylierung der Carboxy-Funktion mit Diazomethan, Acetylierung der OH-Funktion mit Acetanhydrid und *cis*-Dihydroxylierung der Enon-CC-Doppelbindung führt zum *cis*-Decalon-Derivat **16**, dessen Glykolspaltung den Cyclohexancarbaldehyd **6** als Schlüsseledukt liefert (S. 135).

Mit 6-Methoxytryptamin **5** entsteht dann das Imin **4**. Bei dessen Reduktion mit Borhydrid aminolysiert das intermediäre sekundäre Amin als Nucleophil den Methylester zum Lactam **3**. Die BISCHLER-NAPIERALSKI-Cyclisierung [135] mit Phosphorylchlorid schließt Ring *C*, und die Reduktion des Immonium-Salzes **17** führt schließlich zum racemischen Isoreserpinsäureester **18** mit der im Vergleich zum Reserpin **1** falschen Konfiguration am Brückenkopf C-3.

Die daher notwendige Epimerisierung an C-3 gelingt durch Hydrolyse der Ester (Methylester und *O*-Acetyl) sowie anschließenden Ringschluß zum Lacton **19**, in dem das instabile Konformer **18b** der Isoreserpinsäure mit durchweg *axialen* Substituenten in Ring *E* fixiert wird. Thermische Epimerisierung unter milder Säurekatalyse (Pivalinsäure) führt zum Reserpinsäurelacton **20**, aus dem durch Lactonspaltung und Veresterung das racemische Reserpin **1** hervorgeht [134]. Die Enantiomerentrennung gelingt über diastereomere Salze der (+)-Camphersulfonsäure unter Nutzung der schlechteren Löslichkeit des erwünschten (−)-Reserpin-Diastereomers.

Die Epimerisierung an C-3 ist wahrscheinlich ein Protonierungs / Deprotonierungs-
gleichgewicht über Immonium-Ionen:

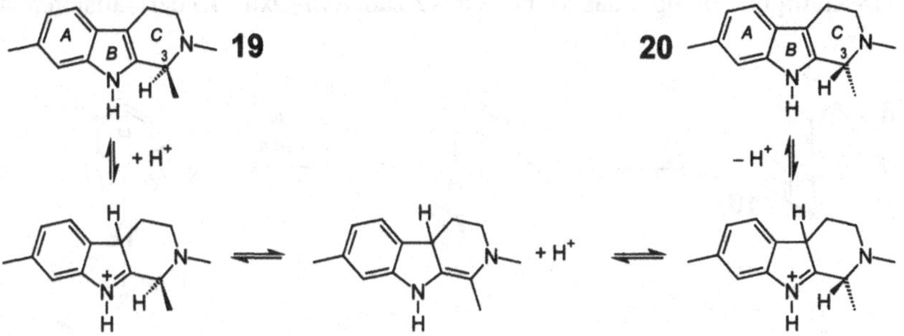

7.5.3 Ibogamin

Bei der Synthese des Ibogamins **1** nach SALLAY [136] wird die Indol-Teilstruktur nach
dem Prinzip der FISCHER-Indolsynthese [122,135] aus Phenylhydrazin und dem tricyclischen Keton **2** aufgebaut. Die weitere retrosynthetische Zerlegung [121] führt über
das bicyclische Keton **3** (S$_N$-Reaktion) zum Ketolactam **4** (Reduktion), das durch
BECKMANN-Umlagerung [122] aus dem Cyclohexan-1,4-dionmonoxim **5** entsteht. Das
zugehörige Diketon **6** bildet sich dann durch Hydrierung des DIELS-ALDER-
Addukts **7** aus *p*-Benzochinon **8** und dem Dien **9**.

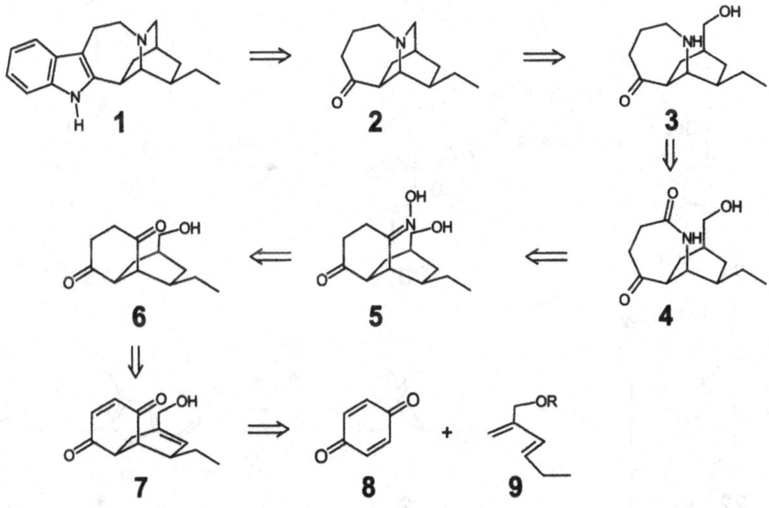

Keto-, Amino- und Hydroxy-Funktion müssen im Laufe der Synthese geschützt werden. Die [4+2]-Cycloaddition von *p*-Benzochinon **8** an *trans*-1,3-Hexadien **10** liefert das stereochemisch labile DIELS-ALDER-Adddukt **11**, das sich unter Retention der *cis*-Konfiguration über das Monoketal **12** zum *anti*-Oxim **13** derivatisieren läßt.

Die BECKMANN-Umlagerung mit *p*-Toluensulfonsäurechlorid in siedendem Pyridin ergibt das *cis*-Lactam-Ketal **14**. Durch Addition von Peroxybenzoesäure an der zugänglicheren (konvexen) Unterseite der CC-Doppelbindung bildet sich das Oxiran **15**, das sich durch komplexes Hydrid zum Hydroxylactam **16** öffnet. Oxidation des sekundären Alkohols gibt das Keton **17**, welches nach WITTIG [122] methyleniert wird. Hydroborierung und Oxidation an der sterisch zugänglicheren (konvexen) Seite der resultierenden exocyclischen Doppelbindung in **18** liefert ein Hydroxymethyl-Lactam **19**, das durch komplexes Hydrid zum Aminoalkohol **20** reduziert wird. Carbobenzoxylierung der Amino- und Tosylierung der Hydroxy-Funktion führen zur geschützten Vorstufe **21**, die nach Abspaltung der Ketal- und Carbobenzoxy-Schutzgruppe mit Bromwasserstoff in Eisessig über das nicht isolierte Brommethylamin **22** das tricyclische Aminoketon **2** liefert. Dessen FISCHER-Indolisierung mit Phenylhydrazin gibt wie geplant das racemische Ibogamin **1** [136].

7.5.4 Vincadifformin

Eine intramolekulare DIELS-ALDER-Reaktion [122] mit inversem Elektronenbedarf (elektronenarmes 1,3-Dien, elektronenreiches Dienophil) liegt der Synthese des Vincadifformins **1** nach KUEHNE [137] zugrunde. Die entsprechende Zerlegung der Zielverbindung **1** führt zum Enamino-Dien **2**, das durch *N*-Alkylierung und Bildung des cyclischen Enamins aus 2-(1-Methoxycarbonylethenyl)tryptamin **3** oder einem geeigneten Syntheseäquivalent und 5-Halogen-2-ethylpentanal **4** entsteht.

Die kürzeste unter mehreren Varianten dieses Synthesekonzepts geht vom Tryptamin **5** aus, das mit Brenztraubensäuremethylester zum Tetrahydro-β-carbolinmethylester **6** cyclisiert wird. Dieser bildet mit 5-Chlor-2-ethylpentanal **4** in Gegenwart katalytischer Mengen *p*-Toluensulfonsäure (*p*-TsOH) ein spirocyclisches Enammonium-Salz **10**, das mit 1,8-Diazabicyclo[5.4.0]undec-7-en (DBU) als Base über die intermediäre Enamino-Dien-Vorstufe **2** zum racemischen Vincadifformin **1** cycloaddiert. Zur Darstellung des 5-Chlor-2-ethylpentanals **4** wird das *N*-Cyclohexylimin **7** des Butanals mit Lithiumdiisopropylamid (LDA) metalliert und durch

1-Brom-3-chlorpropan **8** zum Imin **9** alkyliert; dieses hydrolysiert zum gewünschten Edukt-Aldehyd **4** [137].

7.5.5 Vincamin

(3*S*,14*S*,16*S*)-Vincamin **1** ist ein cyclisches Halbaminal des instabilen Aminoketo-
esters **2**, aus dem das diastereomere (3*S*,14*R*,16*S*)-*epi*-Vincamin **3** entstehen kann,
ebenfalls ein Inhaltsstoff der Immergrün-Pflanze *Vinca minor*.

Daraus folgt, daß bei der Synthese des Vincamins **1** die 1–14-Bindung durch Cyclohalbaminal-Bildung eines Ketoesters mit dem Indol-*NH* geschlossen werden kann. Zur Knüpfung der 2,3- und 3,4-Bindung bietet sich das BISCHLER-NAPIERALSKI-Prinzip der Isochinolin-Synthese [135] aus Arylethylamin (hier Tryptamin **4**) und Carbonsäure-Derivat an. Der 4–19-Ringschluß wäre dann eine S_N-Reaktion des nucleophilen Amins (*N*-4) am elektrophilen C-19 (als Tosylat). Vincamin **1** läßt sich demnach in Tryptamin **4** und das Ketodiester-Tosylat **5** zerlegen.

Solche Überlegungen stecken hinter einer stereoselektiven Synthese des Vincamins nach OPPOLZER [138], wobei die Keto-Funktion in **5** zunächst geschützt in Form des Enolethers **6** eingesetzt werden muß, damit sie bei den Ringschlüssen (Ringe *C* und *E*) nicht stört. Die Tosylat-Funktion in **6** entsteht dann durch Derivatisierung des primären Alkohols in **7**, dem Produkt einer Hydroborierung und Oxidation der Allyl-Gruppe im Diester **8**. Letzterer ergibt sich durch Alkylierung des tetraedrischen C-Atoms (C-16) im Diester **9** unter Nutzung der α-CH-Acidität des gesättigten Carbonsäureesters. Die CC-Doppelbindung (C-14–C-15) im Diester **9** wird durch PO-aktivierte Carbonyl-Alkenylierung nach HORNER-EMMONS [122] geknüpft, aus 2-Dimethylphosphono-2-methoxyessigsäuremethylester **10** und 2-Formylbuttersäureester **11**, dem Produkt der C-Alkylierung des Formylessigesters **12** mit einem Halogenethan **13**. Soll die Synthese diastereoselektiv verlaufen, so muß nach dem Aufbau des Stereozentrums C-16, also nach den Alkylierungen, etwa auf der Stufe des Zwischenprodukts **8**, eine Racemattrennung eingeplant werden.

Zur Synthese des Vincamins nach diesem Konzept (S. 143) wird Formylessigsäure-methylester **12** zunächst mit Bromethan **13** zum 2-Formylbuttersäuremethylester **11**, dann mit Allylbromid zum racemischen 2-Allyl-2-ethylformylessigsäuremethyl-ester **14** alkyliert. Nach Schutz der Aldehyd-Funktion durch Acetalisierung mit Orthoameisensäuretriethylester wird der Acetalester **15** zur Acetalsäure **16** verseift, um die Racemattrennung über diastereomere Salze mit (+)-Pseudoephedrin zu er-möglichen. Das gewünschte Enantiomer **17** mit (16S)-Konfiguration wird mit Di-ethylsulfat in Gegenwart von Kaliumcarbonat als Base verestert. Die Hydroborie-rung und Oxidation der Vinyl-Gruppe des Acetalesters **18** führt zum primären Al-kohol **19**, der mit Toluensulfonsäurechlorid in Pyridin zum Tosylat **20** derivatisiert wird. Aminolyse des Tosylats **20** mit Tryptamin **4** gibt den δ-Aminoester **21** und nach Imidazol-Schmelze das Lactam **22** (Ring *D*). Der nach Acetalspaltung freige-legte Aldehyd **23** wird mit Dimethylphosphono-2-methoxyessigsäuremethylester **10** zum Enolether **24** alkenyliert, welcher nach BISCHLER NAPIERALSKI in Gegenwart von Phosphorylchlorid zum Immonium-Salz **25** cyclisiert (Ring *C*). Das Hauptpro-dukt hat die gewünschte *(Z)*-(16S)-Konfiguration und wird selektiv zum *(Z)*-Enolether **26** mit (3S,16S)-Konfiguration hydriert. Ring *E* läßt sich dann mit Brom-wasserstoff in Eisessig schließen.

Durch Protonierung der Enamino-Doppelbindung des erhaltenen (3S,16S)-(+)-Apo-vincamins **27** entsteht das Immonium-Salz **28**, dessen Hydrolyse die Zielverbin-dung (3S,14S,16S)-Vincamin **1** ergibt [138].

7.6 Isochinoline

7.6.1 Benzylisochinoline, Aporphine

Zur Darstellung zahlreicher Alkaloide mit Benzylisochinolin-Grundskelett eignen sich vor allem die Cyclisierungen von β-Phenylethylaminen (Phenethylaminen) mit Carbonsäure-Derivaten (Chloride, Ester) über *N*-Acylamine nach BISCHLER-NAPIERALSKI oder biomimetisch (Abschn. 6.5.2, S. 108 f.) mit Aldehyden über die

N-Alkylimmonium-Salze nach PICTET-SPENGLER [135]. Die chirogenen Hydrierungs- und Deprotonierungsschritte führen zu racemischen 1,2,3,4-Tetrahydroisochino- linen.

β-Phenylethylamin

1,2,3,4-Tetrahydroisochinolin

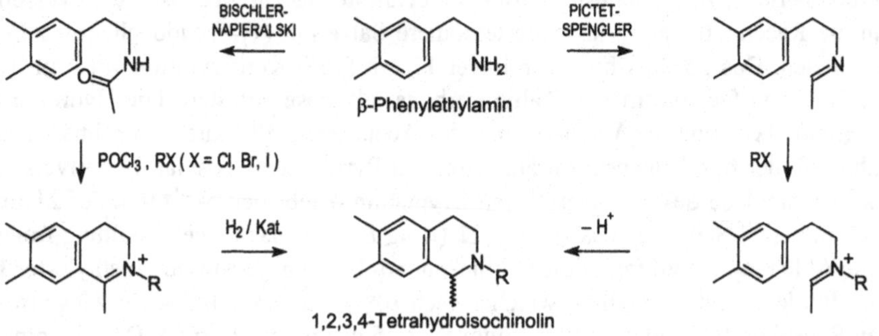

Die enantioselektive Darstellung von Tetrahydroisochinolinen **7** gelingt aus Phen- ethylaminen **4**, die am *N*-Atom durch eine chirale Hilfsgruppe alkyliert sind [139]. Man erhält sie durch Acylierung von (*R*)- oder (*S*)-α-Phenylethylamin **2** mit Phenyl- essigsäurechlorid **1** und Reduktion des Amids **3**. (*R*)-*N*-(α-Phenylethylamino)-β- phenylethylamin **4** cyclisiert nach BISCHLER-NAPIERALSKI zum Immonium-Salz **5**, das durch Borhydrid diastereoselektiv zum (*R,R*)-*N*-(α-Phenylethylamino)tetra- hydroisochinolin **6** reduziert wird. Katalytische Abhydrierung der Hilfsgruppe setzt das (*R*)-1-Alkyltetrahydroisochinolin **7** frei [139].

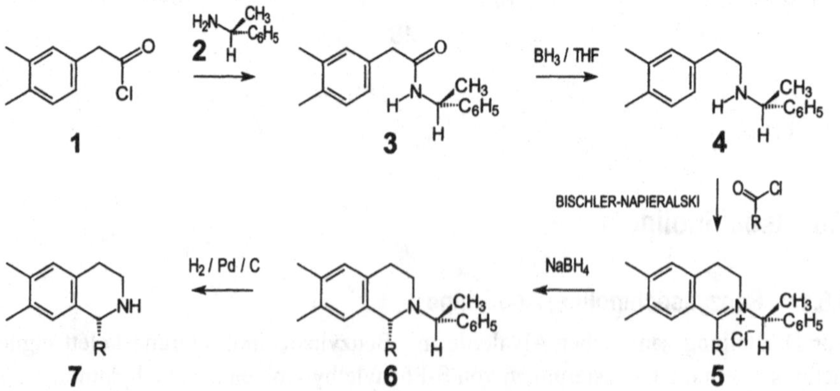

Alternativ entstehen die Phenethylamine **3** durch nucleophile Substitution der Benzylhalogenide **4** zu den Benzylcyaniden **5** (KOLBE-Nitrilsynthese [122]) und deren katalytische Hydrierung oder Reduktion mit Hydrid.

Aus den Benzylhalogeniden **4** gelingt auch die Synthese der Phenylacetaldehyde **7** über die Benzylmagnesiumhalogenide, die mit Orthoameisensäuretriethylester zu den Diethylacetal-Vorstufen **6** reagieren. Durch PICTET-SPENGLER-Cyclisierung [135] des 3,4-Dimethoxyphenylethylamins **3** mit 3,4-Dimethoxyphenylacetaldehyd **7** entsteht z.B. racemisches Norlaudanosin **8**, das durch Kaliumhexacyanoferrat(III) zum Papaverin **9** oxidiert wird. Die Methylierung des Norlaudanosins **8** liefert über das Methiodid **10** das Laudanosin **11** [140]. Das Methiodid **10** kann nach Etherspaltung mit Bromwasserstoff durch Phenoloxidation mit Eisen(III)-Salzen zum 2,3,5,6-Tetrahydroxyaporphin **12** cyclisiert werden [141].

7.6.2 *O*-Methylsalutaridin

Ein Schlüsselschritt der Morphin-Biosynthese im Mohn ist die oxidative Phenol-kupplung des (*R*)-Reticulins **1** zum Salutaridin **2** mit dem Grundskelett des Morphinans [82].

Eine Variante der HECK-Reaktion [122], die Palladium(II)-katalysierte radikalische Dehydrobromierung des Brom-*O*-methylreticulins **3a**, imitiert diesen Aufbau des Morphinan-Skeletts aus einem 1-Benzyl-1,2,3,4-tetrahydroisochinolin und macht *O*-Methylsalutaridin **5** zugänglich [142]: Die radikalische Dehydrierung der phenolischen OH-Gruppe des Konformers **3b** mit Palladium(II)chlorid und Triphenylphosphan führt zum intermediären Radikal **4**; die homolytische Spaltung der C–Br-

Bindung initiiert dann die den Ringschluß bewirkende Verknüpfung der beiden
Phenyl-Ringe zum racemischen *N*-Ethoxycarbonyl-*O*-methylsalutaridin **5**.

7.6.3   Codein und Morphin

Wegen ihrer herausragenden pharmakologischen Bedeutung sind Codein **1** und
Morphin (**1**, OH anstelle von OCH_3) besonders attraktive Syntheseziele. Keine der
bisher bekannten Synthesen kann jedoch mit der Gewinnung dieser bedeutenden
Alkaloide aus Opium konkurrieren. Die erste (unvollständige) Synthese stammt
von GATES und TSCHUDI [143], eine neuere von TOTH und FUCHS [144]. Ein wesentli-
cher Schritt der neueren Synthese ist die Knüpfung der C-9–N-Bindung durch eine
MICHAEL-Addition [122] der geschützten Amino-Funktion an die Dienon-Substruktur
des Intermediats in **3**, als Vorstufe des Codeinons **2**, Oxidationsprodukt des Co-
deins **1**. Das Dienon **3** bildet sich durch Eliminierung von HX aus dem Enon **4**, dem

Hydrierungsprodukt des *N*-geschützten Aminoketons **5** (S = Schutzgruppe), das durch reduktive Aminierung des Aldehyds **6** entsteht.

Die Aldehyd-Funktion in **6** resultiert aus einer oxidativen Spaltung der terminalen Doppelbindung im Tetracyclus **7**, der durch Ringschluß aus der Bromethyl-Gruppe als C-Elektrophil und der CX-Gruppe als C-Nucleophil im Tricyclus **8** entsteht. Die Phenyl-C-Bindung in **8** wird durch nucleophilen Angriff des lithiierten Aryl-C-Atoms an dem durch den Substituenten X zum Elektrophil polarisierten C-Atom der Doppelbindung geknüpft; eine MITSUNOBU-Kupplung [122] des Phenols **10** mit dem monogeschützten Diol **11** (S′ = Schutzgruppe) schließt dann die Ether-Brücke in **9** vor der Lithiierung.

Zur Synthese des Edukts **10** wird Isovanillin **12** elektrophil zu 2-Brom-3-hydroxy-4-methoxybenzaldehyd **13** bromiert. Das MOM-geschützte Phenol **14** (MOM = Methoxymethyl-) wird nach WITTIG [122] zum 2-Brom-3-methoxymethyloxy-4-methoxystyren **15** methyleniert. Hydroborierung und Oxidation der CC-Doppelbindung, Tosylierung des primären Alkohols **16** und Substitution des Tosylats **17** durch Bromid liefern das 2β,2-Dibrom-3-hydroxy-4-methoxyethylbenzen **10**.

Zur Synthese des substituierten Allylcyclohexens **11** wird das 2-Allylcyclohexan-1,3-dion-Tautomer **18** mit Oxalylchlorid zu 2-Allyl-3-chlor-2-cyclohexen-1-on **19** chloriert. Substitution von Chlorid durch Phenylsulfinat gibt 2-Allyl-3-phenyl-sulfonyl-2-cyclohexen-1-on **20**, das zum *t*-Butyldimethylsilylenolether **21** derivatisiert wird (TBDMS-Schutzgruppe). *m*-Chlorperoxybenzoesäure (MCPBA) epoxidiert zum Oxiran **22**, das sich zum Silyloxyketon **23** öffnet. Borhydrid reduziert dann zum monogeschützten *cis*-Diol **11**.

Die MITSUNOBU-Kupplung [122] des Phenols **10** mit dem monogeschützen Diol **11** gibt den *trans*-Diether **24**, aus dessen Lithiierung ein Gemisch mindestens dreier Stereoisomerer hervorgeht. Dagegen führt die Metallierung des durch JONES-Oxidation des Diethers **24** und anschließende Reduktion mit Diisobutylaluminium-hydrid (DIBAH) erhaltenen *cis*-α-Hydroxyethers **25** wahrscheinlich über den intermediären Lithium-Komplex **26b** zum stereochemisch einheitlichen Tetracyclus **27** (Strukturbeweis durch RÖNTGEN-Diffraktometrie [144]).

Dihydroxylierung der Vinyl-Gruppe im Tetracyclus **27** und Bleitetraacetat-Spaltung des resultierenden Diols geben den Aldehyd **28**, der reduktiv zum *N*-Methylamin **29** aminiert wird. Nach Schutz der Amino-Funktion mit Chlorameisensäure-(2-trimethylsilylethyl)ester (TEOC-Chlorid, von Trimethylsilylethyloxycarbonyl-chlorid, zur Einführung der Urethan-Schutzgruppe) wird der sekundäre Alkohol **30** nach SWERN [122] zum Keton **31** oxidiert, wobei sich die Amino-Schutzgruppe teilweise abspaltet, so daß die Acylierung mit TEOC-Chlorid wiederholt werden muß. Orthoameisensäuretrimethylester überführt dann das Keton in den Enolether **32**. Basenkatalysierte Eliminierung der Phenylsulfonyl-Gruppe (als Sulfinat) gibt den Dienolether **33**, der durch 2,3-Dichlor-4,5-dicyano-*p*-benzochinon (DDQ) zum Dienon **34** oxidiert wird. Nach Freilegung der Amino-Funktion mit Trifluoressigsäure erfolgt eine intramolekulare 1,6-MICHAEL-Addition [122] zum racemischen Codeinon **35** (neben racemischem Neopinon, das sich zum Codein isomerisieren läßt). Borhydrid reduziert zum racemischen Codein **1**. Die abschließende Spaltung des Methylethers zum racemischen Morphin (**1**, OH anstelle von OCH$_3$) gelingt mit Bortribromid in Dichlormethan [144].

7.6.4   Protoberberine

■   Xylopinin

Die retrosynthetische Zerlegung [121] der Protoberberine, z.B. des Xylopinins **1**, führt zum cyclischen Enamin **2**, das durch Elektrocyclisierung des 1-Aza-1,3,5-triens **3** entstehen kann. Syntheseäquivalent dieses Chinodimethans **3** ist das Dihydrochino-lylbenzocyclobuten **4**, das durch BISCHLER-NAPIERALSKI-Reaktion [135] des Carbon-säure-Derivats **5** (X = OH, Cl) oder PICTET-SPENGLER-Cyclisierung [135] des Alde-hyds **5** (X = H) mit dem β-Phenylethylamin **6** entstehen kann.

Diesem Konzept folgt die Synthese des Xylopinins nach KAMETANI [145]. Dabei wird 3,4-Dimethoxybenzocyclobuten-1-carbonsäure **5** (X = OH) mit β-(3,4-Dimethoxy-phenyl)ethylamin **6** in Dichlormethan bei Gegenwart von Dicyclohexylcarbodiimid (DCC) amidiert. Die BISCHLER-NAPIERALSKI-Cyclisierung des Amids **7** führt zum Immonium-Salz **8**. Dieses elektrocyclisiert beim Erhitzen in *o*-Dichlorbenzen zum cyclischen Enammonium-Salz **2**, das sich katalytisch zum racemischen Xylopinin **1** hydrieren läßt [145].

Zur Darstellung der 3,4-Dimethoxybenzocyclobuten-1-carbonsäure **5** wird 2-Brom-3,4-dimethoxybenzaldehyd **9** einer KNOEVENAGEL-Kondensation [122] mit Cyan-essigsäure unterzogen. Reduktion des Alkens **10** mit Borhydrid und Decarboxy-lierung der α-Cyanocarbonsäure **11** führt zum *o*-Bromphenylpropionsäurenitril **12**, so daß nach Deprotonierung der CH-aciden Methylen-Gruppe α zur Nitril-Funktion ein Carbanion entsteht, welches das Brom am Benzen-Ring nucleophil substituiert. Hydrolyse des resultierenden Cyanobenzocyclobutens **13** gibt das Edukt **5**.

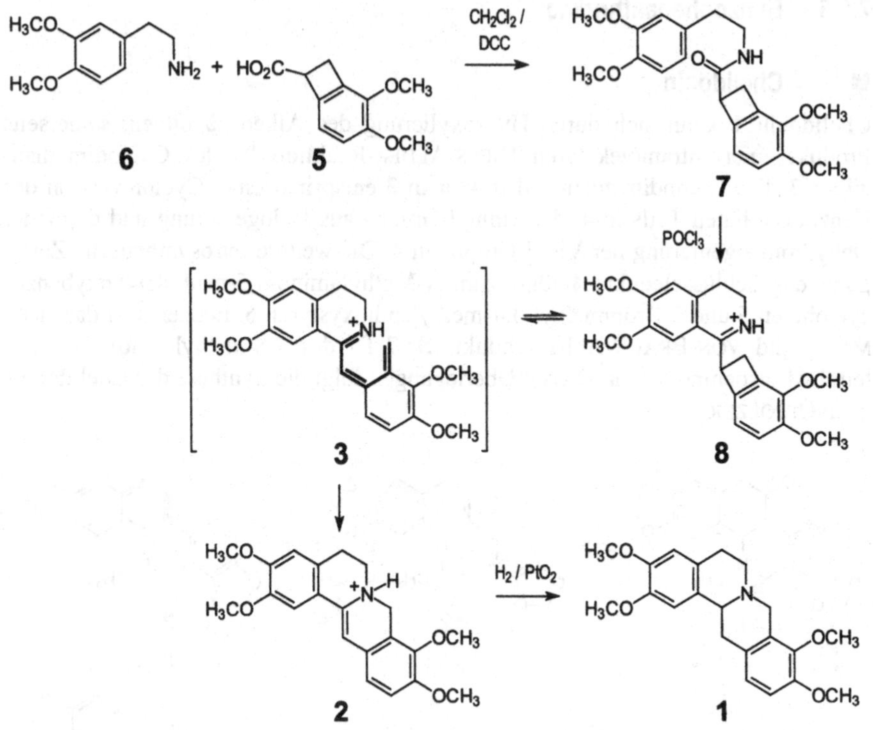

CH2Cl2 / DCC
POCl3
H2 / PtO2
6
5
7
3
8
2
1

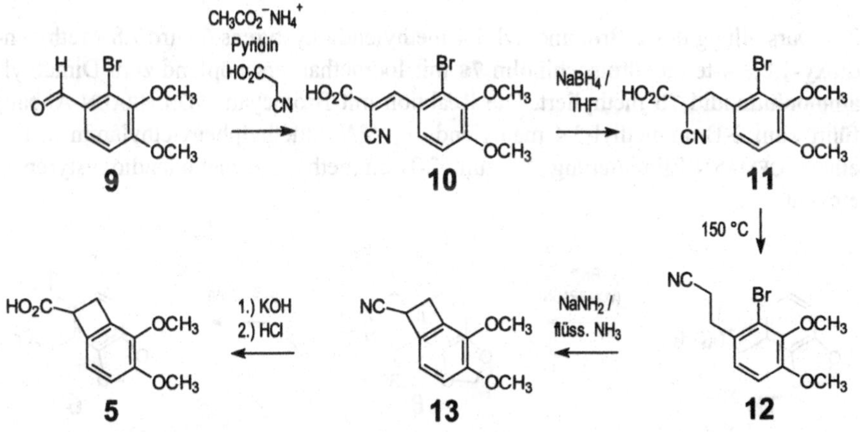

CH3CO2− NH4+
Pyridin
NaBH4 / THF
150 °C
NaNH2 / flüss. NH3
1.) KOH
2.) HCl
9
10
11
12
13
5

7.6.5   Benzophenanthridine

■   Chelidonin

Chelidonin **1** kann sich durch Hydroxylierung des Alkens **2** bilden, seinerseits
Produkt einer intramolekularen DIELS-ALDER-Reaktion [122] des Chinodimethan-
alkins **3**. Die Chinodimethan-Teilstruktur in **3** entspringt einer Cycloreversion des
Benzocyclobuten-Teils in **4**, die Ethinyl-Gruppe aus Halogenierung und doppelter
Dehydrohalogenierung der Vinyl-Gruppe in **4**. Die weitere retrosynthetische Zerlegung des Schlüsseledukts **4** führt zum *N*-Methylamino-4,5-methylendioxybenzo-
cyclobuten **5** und 2-Brommethyl-3,4-methylendioxystyren **6**. Letzteres ist das HOF-
MANN und VON-BRAUN-Abbauprodukt (S. 7 f.) des 7,8-methylendioxy-1,2,3,4-
tetrahydroisochinolins **7a**. Diesen Überlegungen folgt die Synthese des Chelidonins
nach OPPOLZER [146].

Zur Darstellung des 2-Brommethyl-3,4-methylendioxystyrens **6** wird 7,8-Methylen-
dioxy-1,2,3,4-tetrahydroisochinolin **7a** mit Iodmethan erschöpfend zum Dimethyl-
ammoniumiodid **7b** methyliert. Die Reaktion mit Bromcyan (VON BRAUN-Abbau)
führt zum 2-Brommethyl-3,4-methylendioxy-*N,N*-dimethylphenylethylamin **8**, das
eine HOFMANN-Eliminierung [122] zum 2-Brommethyl-3,4-methylendioxystyren **6**
eingeht.

Zur Synthese des *N*-geschützten 1-Amino-5,6-methylendioxybenzocyclobutens **5** wird das 1-Cyano-5,6-methylendioxybenzocyclobuten **9** über die Carbonsäure **10** zum Carbonsäurechlorid **11** umgesetzt. Das hieraus mit Trimethylsilylazid erhaltene Carbonsäureazid **12** lagert sich nach CURTIUS [122] in das Isocyanat **13** um, welches mit Benzylalkohol zum Urethan-geschützten Amin **5** abreagiert.

5,6-Methylendioxybenzocyclobuten **9** wird auf dem bei der Synthese des Xylopinins beschriebenen Weg (S. 154 f.) aus β-(2-Brom-4,5-methylendioxyphenyl)propionsäurenitril dargestellt.

Durch S_N-Reaktion des Benzylbromids **6** mit dem Urethan **5** entsteht das Schlüsseledukt **4** (S. 158). Nach Bromierung der Vinyl-Gruppe und anschließender doppelter Dehydrohalogenierung zu **3a** bildet sich über die Chinodimethanalkin-Zwischenstufe **3b** das DIELS-ALDER-Addukt **2**. Hydroborierung und Oxidation führt dann zum Urethan-geschützten Chelidonin-Stereoisomer **14**.

Die Epimerisierung zum Stereoisomer **16** mit der korrekten relativen Konfiguration gelingt durch PFITZNER-MOFFITT-Oxidation [122] mit Dimethylsulfoxid und Dicyclohexylcarbodiimid (DCC) zum Keton **15** und anschließende Borhydrid-Reduktion. *N*-Methylierung liefert schließlich racemisches Chelidonin **1** mit der korrekten relativen Konfiguration [146].

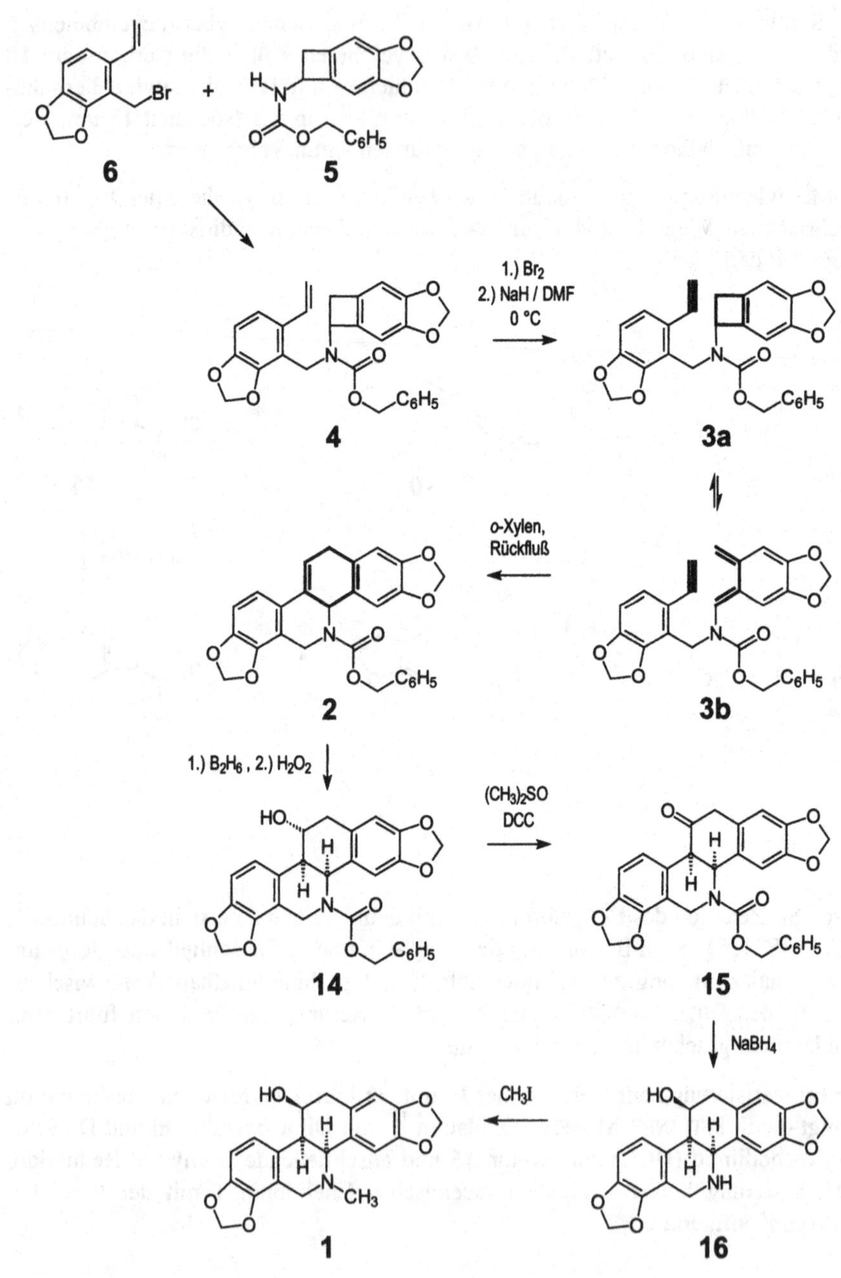

6   +   **5**

1.) Br₂
2.) NaH / DMF
0 °C

4

3a

o-Xylen,
Rückfluß

2

3b

1.) B₂H₆ , 2.) H₂O₂

14

(CH₃)₂SO
DCC

15

NaBH₄

CH₃I

1

16

7.7 Chinoline

■ **Chinin**

Eine naheliegende Vorstufe des sekundären Alkohols Chinin **1** ist Keton **2**, ein Oxidationsprodukt des Desoxychinins **3**, das durch nucleophile Addition der sekundären Piperidin-Amino-Funktion an die durch den *(–)-M*-Effekt des Pyridin-*N*-Atoms elektronenarme CC-Doppelbindung des 4-Alkenylchinolins **4** entsteht. Letzteres bildet sich über das geschützte Derivat **5** (S = Schutzgruppe) durch WITTIG-Alkenylierung [122] des *N*-geschützten 3-Vinyl-6-formylmethylpiperidins **6** mit dem Chinolin-4-yl-methylenphosphoran **7**.

Nach TAYLOR [147] öffnet die nucleophile Substitution des 4-Chlor-6-methoxychinolins **8** mit Triphenylmethylphosphorylen den Zugang zum Phosphorylen **7**. Zur Darstellung des *N*-Benzoyl-3-vinyl-4-formylmethylpiperidins **6** (S = Benzoyl) wird 3-Ethyl-4-methylpyridin **9** nach Metallierung der 4-Methyl-Gruppe mit Lithiumdiisopropylamid (LDA) durch Dimethylcarbonat zu 3-Ethyl-4-methoxycarbonyl-methylpyridin **10** umgesetzt. Katalytische Hydrierung führt dann zum Piperidin **11** mit *cis*-Konfiguration der Substituenten. *N*-Chlorsuccinimid chloriert zum *N*-Chlorpiperidin **12**, das lichtinduziert in Trifluoressigsäure zum 3β-Chlorethyl-4-methoxycarbonylmethylpiperidin **13** weiterreagiert. Die basenkatalysierte Dehydrochlorierung des Benzoyl-Derivats **14** ergibt *N*-Benzoyl-3-vinyl-4-methoxycarbonylmethylpiperidin **15**, das mit Diisobutylaluminiumhydrid (DIBAH) zu *N*-Benzoyl-3-vinyl-4-formylmethylpiperidin **6** reduziert wird. Nach WITTIG-Reaktion [122] der Edukte **6** und **7** zum Alken **5** wird die *N*-Benzoyl-Schutzgruppe durch wäßrige Säure abgespalten, so daß sich der Chinuclidin-Ring durch nucleophile Addition der Piperidin-Amino-Funktion an die elektronenarme CC-Doppelbindung schließen kann. Die Oxidation der Methylen-Gruppe führt dann direkt zum racemischen Chinin **1** [147].

7.8   Lactame biogener Amine

■   **Oncinotin-11-on**

Das Konzept einer Synthese des Oncinotin-11-ons **1** nach HESSE [148] ergibt sich durch retrosynthetische Zerlegung [122] der Lactam-Bindung zur geschützten Triaminocarbonsäure **2**, ihrerseits Oxidationsprodukt der primären Alkohol-Funktion in geschützter Form **3**. Weiß man, daß sich Amide mit Metallorganylen zu Ketonen umfunktionieren lassen, so bildet sich die Keto-Gruppe in **2** bzw. **3** durch eine den Siebenring öffnende Alkylierung der Lactam-Funktion im Bicyclus **5** mit dem metallierten *O*-geschützten 10-Halogendecanol **4**. Das heterobicyclische *N*-(4-Aminobutyl)lactam **5** entsteht durch *N*-Alkylierung des bicyclischen Lactams **7** mit *N*-geschütztem 4-Halogenbutylamin **6**. Lactam **7** geht aus einer nucleophilen Addition des Pipecolinsäureesters **10** an die elektronenarme CC-Doppelbindung des Acrylnitrils **11** zum *N*-Cyanoethyl-Addukt **9** hervor, wenn die Nitril-Funktion zum primären Amin reduziert wird, so daß eine intramolekulare Aminolyse des ε-Aminoesters **8** möglich wird.

Die nucleophile Addition des Pipecolinsäureethylesters **10** an Acrylnitril **11** gibt über den *N*-Cyanoethylpipecolinsäureethylester **9** nach katalytischer Hydrierung der Nitril-Funktion zum primären Amin und intramolekularer Aminolyse des Esters das bicyclische Lactam **7**. *N*-Alkylierung mit 1-Chlor-4-*N,N*-dibenzylamino-2-butin **6′** und anschließende katalytische Hydrierung führt zum 4-*N,N*-Dibenzylamino-butyl-Derivat **5**, das mit lithiiertem 10-Bromdecanol, geschützt als Tetrahydro-pyranylacetal **4′** (THP), zum THP-geschützten Hydroxyketon **3** reagiert. Nach Abspaltung der THP-Schutzgruppe mit Pyridiniumtosylat wird die primäre Alko-hol-Funktion durch Chromtrioxid in Eisessig zur Carbonsäure-Vorstufe **2** oxidiert. Thionylchlorid aktiviert die Carboxy-Funktion im letzten Schritt zum Säurehaloge-nid, so daß sich mit der ungeschützten sekundären Amino-Funktion der gewünschte makrocyclische Lactam-Ring des Oncinotin-11-ons **1** schließt. Zum Schluß legt die katalytische Abhydrierung der *N*-Benzyl-Schutzgruppen das primäre Amin an der Seitenkette frei [148].

7.9 Diterpen-Alkaloide

■ Partialsynthese des Taxols

Das Diterpen-Alkaloid Taxol **1** wird zur Chemotherapie von Tumoren verschiedener Organe (z.B. Brust, Ovarien, Lunge, Haut) eingesetzt. Von zahlreichen Bemühungen um eine Totalsynthese des Taxols führten nur wenige zum Ziel [149]. Allerdings werden diese vielstufigen Totalsynthesen kaum industrielle Anwendung finden, da sich aus den Blättern und Zweigen der weit verbreiteten und rasch nachwachsenden europäischen Eibe *Taxus baccata* die Diterpen-Vorstufe 10-Desacetylbaccatin des Taxols gewinnen läßt, die mit Acetanhydrid zum Baccatin **2** acetyliert werden kann. Die derzeit benötigten Mengen an Taxol **1** werden daher partialsynthetisch, d.h. durch Umesterung des (2*R*,3*S*)-(–)-*N*-Benzoyl-3-phenylisoserinmethylesters **3** [149] mit Baccatin **2** hergestellt. Alternativ gelingt die Herstellung des Taxols durch nucleophile Öffnung des *O*-Triethylsilyl- („TESO")-geschützten β-Lactams **4** des (2*R*,3*S*)-(–)-*N*-Benzoyl-3-phenylisoserinmethylesters **3** mit Baccatin **2** [150].

Zur Synthese des (2*R*,3*S*)-(–)-*N*-Benzoyl-3-phenylisoserinmethylesters **3** [150] wird *trans*-Zimtsäuremethylester **5** enantioselektiv dihydroxyliert; dies geschieht mit *N*-Methylmorpholin-*N*-oxid (NMMO) in Gegenwart katalytischer Mengen Osmiumtetroxid; Dihydrochinidin-4-chlorbenzoat (DQCB; Chinidin: S. 75) dient als chirales Hilfsreagenz. Die Monotosylierung des (2*S*,3*R*)-*cis*-Diols **6** gelingt mit *p*-Toluensulfonsäurechlorid (TsCl) in Dichlormethan mit Triethylamin als Base, wobei eine Wasserstoffbrücke der C-3–OH-Funktion mit der Ester-Carbonyl-Gruppe wahrscheinlich die Selektivität der Tosylierung bewirkt. Die Reaktion des Hydroxy-tosylats **7** mit Kaliumcarbonat in feuchtem Dimethylformamid führt zum (2R,3R)-Oxiran **8**. Dessen nucleophile Öffnung mit Natriumazid in einem Gemisch aus wäßrigem Methanol und Ameisensäuremethylester gibt den (2R,3S)-3-Azido-2-hydroxyester **9**, der in einem Schritt katalytisch hydriert und zur Zielverbindung **3** benzoyliert wird.

8 Wirkstoffe mit Alkaloid-Leitstrukturen

8.1 Wirkungsprofile einiger Alkaloide

Ein Wirkstoff, z.B. ein Betäubungsmittel oder ein Blutdrucksenker, funktioniert nach dem Schlüssel/Schloß-Prinzip: Nur wenn seine Molekülform zur chemischen Struktur des *Rezeptors*, des Wirkortes im Organismus paßt, wird eine bestimmte Wirkung ausgelöst, z.B. Schmerzbetäubung oder Blutdrucksenkung. Therapeutisch bedeutende Alkaloide zeigen Wirkungsprofile, die man vier Rezeptor-Systemen zuordnen kann und dementsprechend als *adrenerg, cholinerg, serotoninerg* und *opioid* bezeichnet (Tab. 7). Zu den wichtigsten Wirkungen der Alkaloide gehört die Schmerzbetäubung (Analgesie), z.B. durch (–)-Morphin und seine Derivate.

Tab. 7. Typische Wirkungsprofile einiger Alkaloide

Rezeptoren	Wirkungsprofil	Alkaloide
adrenerge	Blutdrucksteigerung durch Gefäßverengung (Vasokonstriktion)	Cocain
	Erweiterung der Bronchien (Bronchodilatation)	Ephedrin
	Erschlaffung der Bronchialmuskulatur	Nicotin
	Abnahme der Drüsensekretion	
	Pupillenerweiterung	
	Auslösung zentralnervöser Unruhe	
cholinerge	Blutdrucksenkung durch Gefäßerweiterung (Vasodilatation)	Atropin
	Verengung der Bronchien (Bronchokonstriktion)	Hyoscyamin
	Tonussteigerung des Darms	Lobelin
	Zunahme der Drüsensekretion	Papaverin
	Erschlaffung der Muskulatur	Physostigmin
	Pupillenverengung	Toxiferin
	Verminderung der Herzschlag-Frequenz (negativ chronotrop)	Tubocurarin
	Verminderung der Herzmuskel-Kontraktionskraft (negativ inotrop)	Vincamin
serotoninerge	Erhöhung der Herzschlag-Frequenz (positiv chronotrop)	Lysergsäure-
	Erhöhung der Herzmuskel-Kontraktionskraft (positiv inotrop)	Derivate
	Erregung der glatten Muskulatur (fördernd oder hemmend)	
	in Gastrointestinaltrakt, Bronchien, Uterus	
Opiod-	schmerzbetäubend (analgetisch)	Morphin-
	beruhigend (sedativ), hypnotisch, häufig euphorisierend	Derivate
	atemhemmend bis atemlähmend, hustenstillend (antitussiv)	
	verstopfend (Verminderung der Darmmotilität)	

„*Molecular Modelling*" auf der Basis von Molekülmechanik-Rechnungen liefert einen Satz von Atomkoordinaten für die energie-optimierte Molekülgeometrie. Verschiedene computergraphische Methoden stellen diesen Datensatz als Kugel-Stab- oder Kalottenmodell dar und vermitteln so einen Eindruck von der zum Verständnis der Struktur-Wirkungs-Beziehung wesentlichen dreidimensionalen Struktur des Wirkstoff-Moleküls, wie es Abb. 19 für (–)-Morphin zeigt. Die Analgesie des (–)-Morphins beruht auf der in den Modellen (Abb. 19) erkennbaren und in den Stereoformeln umgekehrt gezeichneten T-Form dieses Moleküls mit dem benzoiden Ring im senkrechten und dem *trans*-verknüpften Octahydroisochinolin-Ring mit Sessel- und Wannen-Konformation beider Ringe im waagerechten Teil. Diese Molekülform paßt zur chemischen Struktur der Wirkorte (Rezeptoren) im Gehirn und Rückenmark. Die Stimulation der inzwischen bekannten Opioid-Rezeptoren [151] löst die Analgesie, aber auch mehr oder weniger unerwünschte Nebenwirkungen aus (Tab. 7).

Etwa eine Stunde nach peroraler Verabreichung des (–)-Morphins – das (+)-Enantiomer wirkt nicht analgetisch – setzt die Schmerzbetäubung ein, nachdem der Metabolismus in Zentralnervensystem, Lungen, Leber und Nieren begonnen hat. Metaboliten sind neben wenig *N*-Normorphin hauptsächlich Morphin-3-*O*-β-D-glucuronid (M3G) sowie das 6-*O*-β-D-glucuronid (M6G). Neuere Untersuchungen zeigen, daß der Metabolit M6G wahrscheinlich am stärksten zur Analgesie des Morphins im menschlichen Organismus beiträgt [152]. Die Eliminations-Halbwertszeit beträgt zweieinhalb bis drei Stunden, so daß die Schmerzbetäubung nach etwa vier Stunden abklingt. Die Metaboliten werden überwiegend (90%) renal ausgeschieden [151].

Morphin-3-*O*-β-D-glucuronid   (–)-Morphin   Morphin-6-*O*-β-D-glucuronid

N-Normorphin

Nach neueren Erkenntnissen können Mensch und Säugetier (–)-Morphin und seine Derivate enzymatisch auf dem für die Mohnpflanze geschilderten Biosyntheseweg aus den Aminosäuren L-Tyrosin (L-*p*-Hydroxyphenylalanin) oder Dihydroxyphenylalanin (L-Dopa) aufbauen (*endogenes Morphin*) [152]. Dementsprechend enthält der Urin von PARKINSON-Patienten, die mit L-Dopa (Tagesdosis 300 mg) behandelt wurden, signifikant erhöhte Konzentrationen an Morphin- und Codein-Glucuroniden [152].

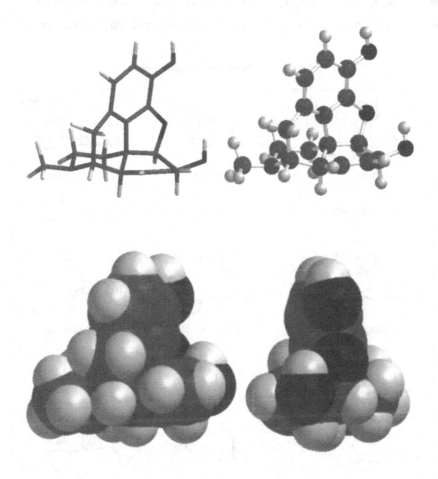

Abb. 19. Durch Kraftfeld-Rechnung geometrie-optimierte Molekülmodelle des (–)-Morphins; **oben links**: Stab-Modell; **oben rechts**: Kugel-Stab-Modell;
unten: zwei Ansichten des Kalottenmodells (H: weiß; C: grau; N und O: schwarz).

8.2   Halbsynthetische Opioide

Schmerzmittel (Analgetica) sind die am häufigsten angewendeten Arzneistoffe [82,151]. Bei der Behandlung schwerer akuter und chronischer Schmerzen entfalten einige mit (–)-Morphin strukturverwandte *Opioide* eine besonders intensiv schmerzbetäubende (analgetische) Wirkung. Unter Opioiden [151] versteht man

- *Opium-Alkaloide* (z.B. Morphin, Codein, Thebain, Tab. 8),

- *halbsynthetische Opioide*, hergestellt aus Opium-Alkaloiden (Tab. 8),

- *synthetische Opioide* (Tab. 9) mit Strukturverwandtschaft zum Morphin.

Tab. 8. Auswahl halbsynthetischer Opioide

Halbsynthetische Opioide (Tab. 8) werden aus natürlichen Opium-Alkaloiden, meist (–)-Morphin, (–)-Codein und (–)-Thebain hergestellt. Das als Heroin bekannte (–)-Diacetylmorphin ist durch doppelte Acetylierung des (–)-Morphins mit Acetanhydrid zugänglich. (–)-Morphin isomerisiert unter Platin-Katalyse zum (–)-Hydromorphon. Analog gelingt die Isomerisierung des (–)-Codeins zu (–)-Hydrocodon. (–)-Dihydrocodein ist das Hydrierungsprodukt des (–)-Codeins.

Aufwendiger ist die Partialsynthese des (–)-Buprenorphins [153,154]: Eine DIELS-ALDER-Cycloaddition [122] des Donor-substituierten 1,3-Diens Thebain **1** mit Methylvinylketon als elektronenarmem Dienophil führt zu 7-Acetyl-6,14-*endo*-etheno-tetrahydrothebain **2**. Nach katalytischer Hydrierung der Alken-Doppelbindung wird das Methylketon **3** mit *t*-Butylmagnesiumbromid zum tertiären Alkohol **4** umgesetzt. *N*-Demethylierung mit Bromcyan, anschließende *N*-Acylierung der *Nor*-Verbindung **5**, Reduktion des Amids **6** zur *N*-Cyclopropylmethyl-Vorstufe **7** mit Lithiumaluminiumhydrid und abschließende Spaltung des Phenylethers mit Kaliumhydroxid in siedendem Glykol gibt (–)-Buprenorphin **8**.

Halbsynthetische und synthetische Opioide wurden entwickelt, um das Morphin-System chemisch zugunsten der erwünschten Schmerzbetäubung und zu Lasten unerwünschter Nebenwirkungen (Verstopfung, Harnverhaltung, Atemdepression, Sucht) zu optimieren. Diese Bemühungen führten zwar zu einigen Opioiden, die wie (–)-Buprenorphin (Tab. 8) deutlich geringer dosiert werden können als (–)-Morphin (Tab. 10), oder zu Alkyl-Derivaten, die wie (–)-Codein stärker auf das Hustenzentrum wirken. Diese Opioide erreichen jedoch nicht die Qualität der Schmerzbetäubung des (–)-Morphins und intensivieren zum Teil unerwünschte Nebenwirkungen. Herausragendes Beispiel ist (–)-Heroin mit seinem für eine therapeutische Anwendung viel zu hohen Suchtpotential.

8.3 Synthetische Opioide

Synthetische Opioide sind rein synthetisch hergestellte Betäubungsmittel [151], welche die T-Form des (–)-Morphins mehr oder weniger deutlich imitieren (Tab. 9), so daß sie mit den Opioid-Rezeptoren wechselwirken und eine mit dem Vorbild vergleichbare Analgesie entfalten können. Dazu gehören u.a. engere Strukturverwandte des (–)-Morphins wie die *Morphane* **Levorphanol** und **Pentazocin**, sowie entferntere wie das *4-Phenylpiperidin* **Pethidin**, das *3,3-Diphenylpropylamin* **Levomethadon**, das *Propionanilid* **Fentanyl** und Amino- bzw. Aminoalkyl-substituierte *Phenyl-cyclohexan*-Derivate wie **Tramadol**, **Tilidin** und **Phencyclidin** [151]. Fentanyl wird als kurz und intensiv wirkendes Analgetikum in der Narkoseprämedikation angewendet. Tramadol und Tilidin sind bewährte Analgetika bei starken Schmerzen. Das als Phencyclidin abgekürzte 1-(1-Phenylcyclohexyl)piperidin wurde in der Humanmedizin Mitte der sechziger Jahre als Betäubungsmittel eingesetzt und war anschließend wegen seiner stark psychoaktiven Wirkung unter der Bezeichnung *„angel dust"* auf dem illegalen Betäubungsmittelmarkt begehrt [26].

Als Kriterien zum Vergleich der Wirksamkeit verschiedener Opioide bewähren sich die *relative analgetische Wirkungsstärke* und die *Morphin-Äquivalente* [151], die sich als Orientierungswerte bei der Konzeption oder Änderung einer Schmerztherapie eignen, aber keineswegs die indiviuell empfundene Qualität und Stärke der Schmerzbetäubung widerspiegeln. Die relative analgetische Wirkungsstärke ist das Verhältnis einer Morphin-Dosis zur Dosis eines anderen Opioids; dabei ist (–)-Morphin mit dem Wert 1.0 der Standard (Tab. 10). Unter dem Morphin-Äquivalent versteht man die fiktive Dosis eines intramuskulär (i.m.) gespritzten Opioids in mg, welche der Wirkung von 1 mg (–)-Morphin entspricht (Tab. 10). Aus beiden Vergleichskriterien folgt, daß das dem Morphin sehr ähnliche Pentazocin höher, das mit Morphin wenig strukturverwandte Fentanyl dagegen viel geringer dosiert werden muß als der Standard.

Tab. 9. Auswahl synthetischer Opioide

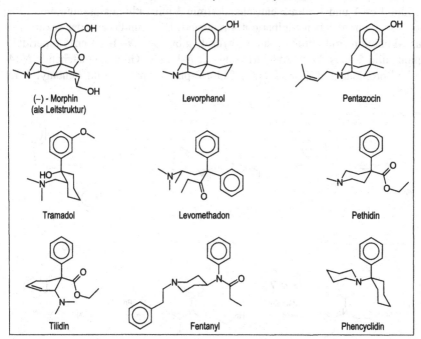

Tab. 10. Relative Wirkungsstärke und i.m. Morphin-Äquivalente einiger Opioide [151]

Opioid	relative Wirkungsstärke	Morphin-Äquivalent [mg]
Fentanyl	50-100	0.01
Buprenorphin	25-50	0.04
Levomethadon	2.0	0.5
(−)-Morphin	1.0	1.0
Oxycodon	0.6	1.5
Pentazocin	0.2	6.0
Tramadol	0.2	5-10
Pethidin	0.15	7.5

Im Vergleich zu den aufwendigen Synthesen des Morphins (S. 149 f.) und anderer Alkaloide sind viele synthetische Opioide durch ergiebige Synthesen mit wenigen Stufen aus einfachen Edukten zugänglich [153,154].

Zur Synthese des **Fentanyls 8** [153] wird das durch Kondensation von 1-Benzyl-
piperidin-4-on **1** und Anilin **2** entstehende Imin **3** mit Lithiumaluminiumhydrid zu
4-(*N*-Phenylamino)-1-benzylpiperidin **4** reduziert. Die Amidierung der sekundären
Amino-Funktion mit Propionsäureanhydrid gibt das *N*-(4-*N*-Benzylpiperidyl)-
propionanilid **5**. Das durch Abhydrierung der *N*-Benzyl-Gruppe entstehende *N*-(4-
Piperidyl)propionanilid **6** wird mit 1-Chlor-2-phenylethan **7** zum Fentanyl **8** re-
alkyliert.

Das als **Tilidin** bekannte *trans*-3-(*N*,*N*-Dimethylamino)-4-ethoxycarbonyl-4-phenyl-
cyclohexen **3** entsteht durch [4+2]-Cycloaddition (DIELS-ALDER-Reaktion [122]) von
Atropasäureethylester **2** als elektronenarmes Dienophil an 1-(*N*,*N*-Dimethylamino)-
1,3-butadien **1** als Donor-substituiertes und daher elektronenreiches 1,3-Dien neben
dem *cis*-Isomer **4** als Hauptprodukt [155].

Das instabile 1-(*N,N*-Dimethylamino)-1,3-butadien **1** wird durch Addition von Dimethylamin an Crotonaldehyd unter spontaner Umlagerung des intermediären 1-(*N,N*-Dimethylamino)-1,2-butadiens hergestellt. Analgetisch wirkt nur das *trans*-Isomer **3**; es entsteht als Hauptprodukt, wenn 1-(*N*-Benzyloxycarbonylamino)-1,3-butadien als am Stickstoff-Atom sterisch überfrachtetes Dien eingesetzt und die nach Abspaltung der Schutzgruppe mit Cyanoborhydrid freigesetzte primäre Amino-Gruppe methyliert wird [156].

Der als **Pethidin** bekannte 1-Methyl-4-phenylpiperidin-4-carbonsäureethylester **4** kann durch Cycloalkylierung des Benzylcyanids **2** mit Di-(2-chlorethyl)methylamin **1** zum 4-Cyano-1-methyl-4-phenylpiperidin **3**, dessen Hydrolyse zur Säure und deren Veresterung hergestellt werden. Methodisch interessant ist die Hydrierung von 4-Ethoxycarbonyl-*N*-methylpyridiniumiodid **5** zum *N*-Methylpiperidincarbonsäureethylester **6** und die Phenylierung des durch Lithiierung präparierten intermediären C-Nucleophils **7** mit η⁶-Fluorbenzentricarbonylchrom(0) **8** [157].

Methadon **5** wird aus Chlordiphenylmethan über Diphenylacetonitril **1** (S$_N$1-Reaktion, KOLBE-Nitrilsynthese [122]) hergestellt [153].

Die C-Alkylierung mit 1-Chlor-2-(*N,N*-dimethylamino)propan **2** gibt 4-(*N,N*-Dimethylamino)-2,2-diphenylvaleronitril **3**. Nucleophile Addition von Ethylmagnesiumbromid **4** an die Nitril-Funktion mit elektrophilem C liefert nach Hydrolyse des intermediären Imins das Methadon genannte 5-(*N,N*-Dimethylamino)-4,4-diphenylheptan-3-on **5**. Das (*S*)-(–)-Methadon (*Levomethadon*, Tab. 9, S. 171) wirkt um Faktor 20 stärker analgetisch als das hier gezeichnete (*R*)-(+)-Enantiomer **5**. Es wird aus dem racemischen Syntheseprodukt durch Trennung der diastereomeren Tartrate gewonnen.

Zur Herstellung des racemischen **Tramadols 3** [153] mit IUPAC-Bezeichnung *trans*-2-(*N,N*-Dimethylaminomethyl)-1-(3-methoxyphenyl)cyclohexanol wird das durch GRIGNARD-Metallierung [122] des 3-Bromanisols in Tetrahydrofuran erhaltene 3-Methoxyphenylmagnesiumbromid **2** an 2-(*N,N*-Dimethylaminomethyl)cyclohexanon **1** addiert. Die Dimethylaminomethyl-Gruppe erzwingt sterisch eine *trans*-Addition.

Eine Synthese des **Pentazocins 8** [153] beginnt mit der Addition des *p*-Methoxyphenylmagnesiumchlorids **1** an das elektrophile α-C des *N*-Methylpyridiniumiodids **2** und katalytische Hydrierung des Primäraddukts zum 1,2,3,6-Tetrahydropyridin-Intermediat **3**, das unter Säurekatalyse zur *O*-demethylierten Vorstufe **4** cyclisiert.

Nach Racemattrennung mit (+)-Weinsäure über diastereomere Tartrate, *O*-Acetylierung des gewünschten Enantiomers **4**, Bromcyan-*N*-Demethylierung des Acetats **5** wird das tricyclische Cyanamid **6** zur Carbamidsäure hydrolysiert, die spontan zum tricyclischen Amin decarboxyliert. Letzteres wird direkt mit Isopentenylbromid **7** zum Pentazocin **8** *N*-alkyliert.

Levorphanol 11 spielt als Analgetikum keine herausragende Rolle; jedoch interessieren seine Synthesen als Beispiele zum Aufbau des Morphinan-Skeletts. Erste Stufe einer industriellen Synthese [153,158] ist die KNOEVENAGEL-Alkenylierung [122] des Cyclohexanons **1** mit Cyanessigsäure **2**, wobei sich unter Decarboxylierung direkt das 1-Cyanomethylcyclohexen **3** bildet. Die katalytische Hydrierung gibt das 2-(1-Cyclohexenyl)ethylamin **4**, das mit *p*-Methoxyphenylacetylchlorid **5** zum Amid **6** derivatisiert wird. Eine der Isochinolin-Synthese nach BISCHLER-NAPIERALSKI [135] analoge Cyclisierung mit Phosphorylchlorid führt zum 1-(*p*-Methoxyphenyl)-3,4,5,6,7,8-hexahydroisochinolin **7**. Das nach katalytischer Partialhydrierung erhaltene Octahydroisochinolin **8** wird nach dem Prinzip der reduktiven Aminierung (**8** aminiert Formaldehyd) zur Vorstufe **9** *N*-methyliert. Die Cyclisierung mit Phosphorsäure führt zum racemischen 3-Methoxy-*N*-methylmorphinan **10**. Nach Etherspaltung mit Bromwasserstoffsäure wird das gewünschte Enantiomer **11** durch Kristallisation der diasteromeren Tartrate gewonnen.

8.4   Synthetische Phenethylamine

Phenethylamin (β-Phenylethylamin) ist Teilstruktur zahlreicher bekannter schmerz-betäubender und euphorisierender Wirkstoffe natürlicher Herkunft; bekannte Beispiele sind mehrere Tetrahydroisochinolin-Alkaloide, allen voran die Opium-Alkaloide. Phenethylamin selbst ist das Stammskelett mehrerer nichtheterocyclischer Alkaloide mit anregender bis berauschender Wirkung wie Ephedrin und Mescalin (S. 83 f.), aber auch die Leitstruktur zahlreicher synthetischer Präparate, die sich auf dem illegalen Betäubungsmittelmarkt („Rauschgiftszene") verbreiten. Diese Phenethylamin-Derivate werden systematisch weiterentwickelt, z.B. durch Austausch oder Wechsel der Position eines oder mehrerer Substituenten am Phenyl-Ring oder in der Seitenkette. Ziele dieses einfachen „Drug Design" sind neue Wirkstoffe, die noch nicht dem Betäubungsmittelgesetz unterliegen oder patentrechtlich geschützt sind, ohne großen apparativen Aufwand (in „underground laboratories") aus einfachen Ausgangschemikalien hergestellt und vorübergehend ohne strafrechtliche Risiken mit großen Gewinnspannen vermarktet werden können. Solche Präparate werden international als *„designer drugs"* bezeichnet. Die wörtliche deutsche Übersetzung *„Designer-Drogen"* [97,159] hat sich eingebürgert, obwohl man im deutschen Sprachgebrauch unter einer „Droge" eigentlich getrocknete Pflanzenteile wie Samen, Wurzeln, Blätter, Stengel, Blüten, Früchte (z.B. zahlreiche Teesorten, Gewürze, Marihuana) oder aus Pflanzen gewonnene, chemisch nicht weiter bearbeitete Produkte (z.B. Haschisch, Opium) versteht.

Tab. 11 gibt eine Auswahl bekannter Rausch- und Suchtstoffe mit einigen Varianten des Phenethylamin-Grundskeletts. Die bereits 1887 [160] synthetisierte Leitsubstanz **Amphetamin** wurde zunächst als Inhalationslösung zur Behandlung von Schnupfen verabreicht [97]. Nach Entdeckung seiner aufputschenden Wirkung [161] 1933 wurde Amphetamin, ebenso wie sein seit 1934 bekanntes *N*-Methyl-Derivat („*Pervitin*"), im zweiten Weltkrieg den Flugzeugpiloten verabreicht, um sie bei Nachteinsätzen wach zu halten. Später fand man, daß Methoxy- und Methylendioxy-Gruppen am Phenyl-Ring wie im Naturstoff-Vorbild Mescalin die halluzinogene Wirkung verstärken, während *N*-Alkylierung (***N*-Alkylamphetamine**, Tab. 11) sowie die Verlängerung der Seitenkette (1-Phenyl-2-aminobutane, Tab. 11) das Gegenteil bewirken [97], wie es systematische Untersuchungen über die Beziehung zwischen dem Substitutionsmuster und der halluzinogenen Aktivität von Phenylethylaminen belegen [162].

Die in etlichen Substitutionsvarianten für verschiedene Zwecke und in verschiedenen Anwendungsformen (Pulver, Tabletten, Dragees, Kapseln, Tropfen, Injektionslösungen) illegal angebotenen Amphetamine wirken nur vorübergehend leistungssteigernd („*Doping*"), euphorisierend bis zur Selbstüberschätzung, bewußtseinstrübend, halluzinogen; sie unterdrücken das Schlafbedürfnis („*Weckamine*"), zügeln den Hunger („*Appetitzügler*"), erhöhen Blutdruck und Herzfrequenz („*Sympatho-*

mimetika") und führen in der Folge zu Erschöpfung und körperlichem Verfall. Ein Entzug der Präparate bewirkt intensive Erschlaffungs- und Katergefühle [97,162].

Tab. 11. Synthetische Rausch- und Suchtstoffe mit Phenethylamin-Leitstrukturen

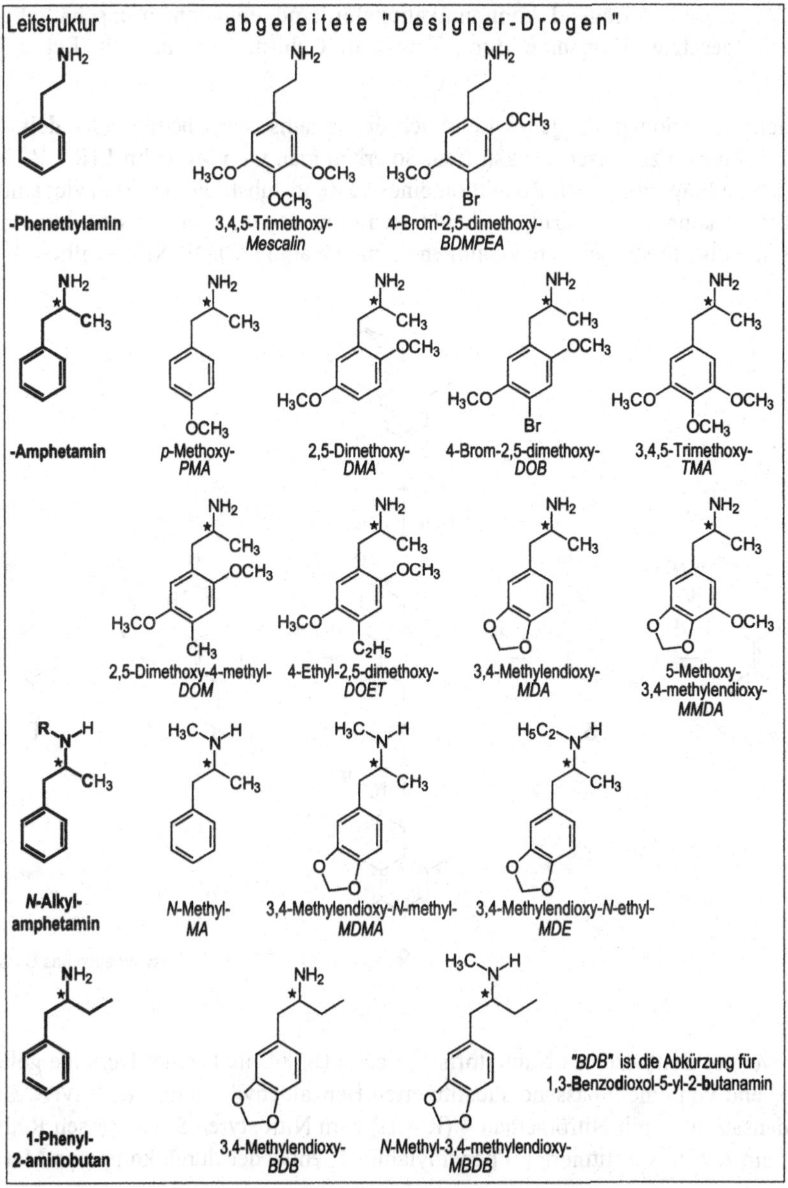

Leitstruktur	abgeleitete "Designer-Drogen"

-Phenethylamin

3,4,5-Trimethoxy-
Mescalin

4-Brom-2,5-dimethoxy-
BDMPEA

-Amphetamin

p-Methoxy-
PMA

2,5-Dimethoxy-
DMA

4-Brom-2,5-dimethoxy-
DOB

3,4,5-Trimethoxy-
TMA

2,5-Dimethoxy-4-methyl-
DOM

4-Ethyl-2,5-dimethoxy-
DOET

3,4-Methylendioxy-
MDA

5-Methoxy-
3,4-methylendioxy-
MMDA

N-Alkyl-
amphetamin

N-Methyl-
MA

3,4-Methylendioxy-*N*-methyl-
MDMA

3,4-Methylendioxy-*N*-ethyl-
MDE

1-Phenyl-
2-aminobutan

3,4-Methylendioxy-
BDB

N-Methyl-3,4-methylendioxy-
MBDB

"*BDB*" ist die Abkürzung für
1,3-Benzodioxol-5-yl-2-butanamin

Konsumstimulierende Bezeichnungen wie „*Ecstasy*" (3,4-Methylendioxy-*N*-methylamphetamin = MDMA), „*Eve*" (3,4-Methylendioxy-*N*-ethylamphetamin = MDE) oder „*Speed*" (*N*-Methylamphetamin = MA, Tab. 11) sind für den neugierigen Konsumenten ohne pharmakologische Vorkenntnisse meist irreführend und gefährlich. So erzeugt „*Ecstasy*" kaum Ekstasen; es wirkt zwar schwach halluzinogen und stimulierend (erregend, kommunikationsfördernd, enthemmend), schädigt aber nach fortgesetzter Einnahme Herz, Kreislauf, Gehirn, Nervenzellen, Leber und Nieren [162].

Einfache Reaktionen, die jedes Lehrbuch der organischen Chemie behandelt, öffnen den Zugang zu diesen Wirkstoffen. So erhält man vom Mescalin **1** (R = R′ = H) abgeleitete Präparate durch Reduktion eines passend substituierten Benzylcyanids **2** mit Lithiumaluminiumhydrid; die benötigten Benzylcyanide bilden sich durch nucleophile Substitution der Benzylhalogenide mit Cyanid (KOLBE-Nitrilsynthese [122]).

* asymmetrisches C-Atom

Eine weitere Synthese des Naturstoffs Mescalin (S. 84) und seiner Derivate gelingt ausgehend von einem passend substituierten Benzaldehyd **3** durch KNOEVENAGEL-Kondensation [122] mit Nitromethan **4** (R = H) zum Nitrostyren **5** und dessen Reduktion zum *N,N*-unsubstituierten Phenethylamin **1**, entweder durch komplexe Metallhydride (LiAlH$_4$ oder NaBH$_4$) oder katalytische Hydrierung. Demselben Prinzip folgt die Synthese *N,N*-unsubstituierter Amphetamine (R = CH$_3$, 1-Phenyl-2-aminopropane, Tab. 11) mit Nitroethan (R = CH$_3$) anstelle von Nitromethan. Alternativ bilden sich Amphetamine **1** (R = CH$_3$) nach den Methoden der reduktiven Aminierung von Carbonyl-Verbindungen aus passend substituierten Phenylacetonen **6**, Ammoniak oder primären Aminen **7** und Hydrierung der intermediären Imine **8**. Zur Herstellung spezieller Amphetamine **1** eignet sich auch die Addition von Ammoniak oder Aminen **7** an Allylbenzene **9**.

Abgesehen von den unverzweigten Mescalin-Derivaten (**1**, R = H) sind alle Phenethylamine vom Amphetamin-Typ chiral (Tab. 11, S. 177). Auf Racemattrennungen und die Untersuchung der möglicherweise verschiedenen Wirkungen beider Enantiomerer wird meist verzichtet: im illegalen Handel sind die Racemate.

8.5 Tryptamin-Halluzinogene

Lysergsäure-*N,N*-diethylamid, das bislang stärkste Halluzinogen, enthält Tryptamin als Teilstruktur. Tab 12 gibt einen Eindruck des Zusammenhangs zwischen Konstitution und halluzinogener Wirkung einiger **Tryptamine** [97,163].

Tab. 12. Halluzinogene Aktivität der Tryptamine [−: nicht halluzinogen; (+): schwach halluzinogen; +: halluzinogen; ++: stark halluzinogen; +++: sehr stark halluzinogen]

Tryptamin selbst und sein 5-Hydroxy-Derivat Serotonin sind psychoinaktiv; von den 4- und 5-Hydroxy-*N,N*-dimethyltryptaminen ist das 4-Hydroxy-Derivat Psilocin (ebenso wie sein Phosphorsäureester Psilocybin, S. 46) aus dem mexikanischen Zauberpilz aktiver. *N*- sowie *O*-Methylierung des Tryptamins und Serotonins steigern die halluzinogene Wirkung. Dementsprechend ist das im Sekret der Aga-Kröte *Bufo marinus* neben *N,N*-Dimethyltryptamin und Bufotamin enthaltene 5-Methoxy-*N,N*-dimethyltryptamin ein starkes, auch durch Synthese gut zugängliches Halluzinogen, das jedoch bei weitem nicht die Wirksamkeit des LSD erreicht.

Eine auf andere Tryptamine übertragbare Synthese des 5-Methoxy-*N,N*-dimethyltryptamins **4** gelingt durch elektrophile Acylierung des 5-Methoxyindols **1** mit Oxalylchlorid, Aminolyse des α-Ketosäurechlorids **2** mit Dimethylamin zum *N,N*-Dimethylamid **3** und dessen Reduktion mit Lithiumaluminiumhydrid [164]. Eleganter ist ein neueres Verfahren, welches das Konzept der FISCHER-Indolsynthese aus den Phenylhydrazonen α-CH-acider Carbonyl-Verbindungen [122,135] nutzt. Danach entsteht 5-Methoxy-*N,N*-dimethyltryptamin **4** in einer Stufe aus *p*-Methoxyphenylhydrazin **5** und dem Dimethylacetal **6** des 4-(*N,N*-Dimethylamino)butanals [165].

5-Methoxy-*N,N*-
dimethyltryptamin

Bibliographie

allgemeine Übersichten, Fortschrittsberichte, Lexika

[1] J.W. Southon, J. Buckingham (Hrsg.), Dictionary of Alkaloids, Chapmann & Hall, London, New York, Tokyo, Melbourne, Madras, 1988.

[2] J. Falbe, M. Regitz (Reihen-Hrsg.), B. Fugmann, S. Lang-Fugmann, W. Steglich (Band-Hrsg.), RÖMPP-Lexikon, Naturstoffe, Georg Thieme, Stuttgart, 1997.

[3] M. Hesse, Alkaloide, Fluch oder Segen der Natur, VHCA, Zürich und Wiley-VCH, Weinheim, New York, Chichester, Brisbane, Toronto, 2000.

[4] R.H.F. Manske, The Alkaloids, Chemistry and Physiology, Academic Press, New York, seit 1950.

[5] D.R. Dalton, The Alkaloids, Marcel Dekker Inc., Basel, New York, 1979.

[6] S.W. Pelletier (Hrsg.), Alkaloids, Chemical and Biological Perspectives, Wiley Interscience, Pergamon, Elsevier Science Ltd, Oxford, seit 1983.

[7] The Chemical Society, Specialist Periodical Reports, The Alkaloids, London, jährlich seit 1969.

[8] Cheminform, Selected Abstracts in Chemistry, Natural Products, Alkaloids (neue Strukturen und Synthesen), Wiley-VCH, Weinheim, wöchentlich seit 1969.

Alkaloid-Analytik, Strukturaufklärung

[9] O. Muñoz, C. Schneider, E. Breitmaier, Liebigs Ann. Chem. *1994*, 521.

[10] H. Naumer, W. Heller (Hrsg.) Untersuchungsmethoden in der Chemie, 3. Aufl., Kapitel 2-6. Georg Thieme, Stuttgart, 1996.

[11] G.B. Fodor, B. Colasanti, The Pyridine and Piperidine Alkaloids: Chemistry and Pharmacology, in Zitat [6], Vol. 3 (1985), und dort zitierte Originalliteratur.

[12] H.P. Ros, R. Kyburz, N.W. Prester, R.T. Callagher, I.R.C. Bick, M. Hesse, Helv. Chim. Acta *62* (1979) 481.

[13] H.H. Perkampus, UV-Vis-Spektroskopie und ihre Anwendungen, Springer, Berlin, 1986.

[14]   B. Schrader, Infrared and Raman-Spectroscopy, Methods and Applications, VCH, Weinheim, 1992.

[15a] H. Budzikiewicz, Massenspektrometrie, eine Einführung. 4. Aufl., Wiley-VCH, Weinheim, 2005;

[15b] M. Hesse, Progress in Mass Spectrometry, Vol. 1, Indole Alkaloids, Verlag Chemie, Weinheim, 1974.

[16]   H. Friebolin, Ein- und zweidimensionale NMR-Spektroskopie, eine Einführung, 4. Aufl., Wiley-VCH, Weinheim, 2006.

[17]   H. Günther, NMR-Spektroskopie, 3. Aufl., Georg Thieme, Stuttgart, 1992.

[18]   E. Breitmaier, Vom NMR-Spektrum zur Strukturformel organischer Verbindungen, 3. Aufl., Wiley-VCH, Weinheim, 2005.

[19]   C. Steinbeck., Angew. Chem. *106* (1996), 2108; Angew. Chem. Int. Ed. *33* (1996) 1984.

[20]   S.N.J. Fanso-Free, G.T. Furst, P.R. Srinivasan, R.L. Lichter, R.B. Nelson, J.A. Panetta G.W. Gribble, J. Am. Chem. Soc. *101* (1979) 1549.

[21]   W. Massa, Kristallstrukturbestimmung, 3. Aufl., B.G. Teubner, Stuttgart, Leipzig, Wiesbaden, 2005.

[22]   S. Sepúlveda-Boza, E. Breitmaier, Planta Med. *49* (1983) 32.

Heterocyclische Alkaloide

[23a] L. Marion, The Pyrrolidine Alkaloids, in Zitat [4], Vol. *1* (1950), Vol. *6* (1960), und dort zit.Lit.;

[23b] A. Numata, T. Ibuka, Alkaloids from Ants and Other Insects, in Zitat [4], Vol. *31* (1987) 194;

[23c] R. Koob, C. Rudolph, H.J. Veith, Helv. Chim. Acta *80* (1997) 267.

[24]   A. Popelak, G. Lettenbauer, The Mesembrine Alkaloids, in Zitat [4], Vol. *9* (1967).

[25]   The Merck Index, 14th Edition, Merck Research Laboratories, Merck & Co., Inc., Whitehouse Station, NJ, USA, 2006.

[26]   W. Schmidbauer, J. vom Scheidt, Handbuch der Rauschdrogen, 7. Aufl., Nymphenburger, München, 1988.

[27]   B. Badio, H.M. Garraffo, T.F. Spande, J.W. Daly, Med. Chem. Res. *4* (1994) 440.

[28] G. Fodor, The Tropane Alkaloids, in Zitat [5], S. 431, in Zitat [4], Vol. *9* (1967) 269; Vol. *13* (1971) 352.

[29] O. Muñoz (Hrsg.), Quimica de la Flora de Chile, Universidad de Chile, Serie Programas de Desarollo, Vol. *1*, Santiago-Chile, 1992.

[30] T.A. Woessner, K.A. Kovar, Deutsche Apotheker Zeitung, *136* (1996) 1905.

[31] F.L. Warren, *Senecio* Alkaloids, in Zitat [4], Vol. *12* (1970).

[32] R.G. Powell, R.J. Petroski, The Loline Group of Pyrrolizidine Alkaloids, in Zitat [6], Vol. *8* (1994).

[33] T. Hartmann, L. Witte, Chemistry, Biology and Chemoecology of the Pyrrolizidine Alkaloids, in Zitat [6], Vol. *9* (1995).

[34] E. Röder, Pharm. Unserer Zeit *13* (1984) 33.

[35] T.A.D. Elbein, R.J. Molyneux, The Chemistry and Biochemistry of Simple Indolizidine and Related Polyhydroxy Alkaloids, in Zitat [6], Vol. *5* (1989).

[36] W. Francke, F. Schröder, V. Sinnwell, H. Baumann, M. Kaib, Angew. Chem. *109* (1997) 161; W. Francke, F. Schröder, F. Walter, V. Sinnwell, H. Baumann, M. Kaib, Liebigs Ann. Chem. *1995*, 965.

[37] S.R. Johns, J.A. Lamberton, *Elaeocarpus* Alkaloids, in Zitat [4], Vol. *14* (1973).

[38] T.R. Govindachari, *Tylophora* Alkaloids, in Zitat [4], Vol. *9* (1967).

[39] A.S. Chawla, V.K. Kapoor, *Erythrina* Alkaloids, in Zitat [6], Vol. *9* (1995) 85.

[40] A.D. Kinghorn, M.F. Balandrin, Quinolizidine Alkaloids of the Fabaceae: Structural Types, Analyses, Chemotaxonomy, and Biological Properties, in Zitat [6], Vol. *2* (1984).

[41] F. Bohlmann, D. Schumann, Lupine Alkaloids, in Zitat [4], Vol. *9* (1967).

[42] J.T. Wrobel, *Nuphar* Alkaloids, in Zitat [4], Vol. *9* (1967).

[43] R.H.F. Manske, The *Lycopodium* Alkaloids, in Zitat [4], Vol. *7* (1960); D.B. MacLean, The *Lycopodium* Alkloids, in Zitat [4], Vol. *14* (1973).

[44] W.A. Denne, S.R. Johns, J.A. Lamberton, A. Mc L. Mathieson, Tetrahedron Lett. *1971*, 3107; W.A. Denne, S.R. Johns, J.A. Lamberton, A. McL. Mathieson, H. Suares, Tetrahedron Lett. *1972*, 1767.

[45] B. Tursch, D. Daloze, C. Hootele, Chimia *26* (1972) 74.

[46]   W. Taylor, Indole Alkaloids, an Introduction to the Enamine Chemistry of Natural Products, Pergamon Press, New York, 1966.

[47]   J.E. Saxton, The Simple Indole Bases, in Zitat [4], Vol. *10* (1968).

[48]   D. Steinhilber, Deutsche Apotheker Zeitung *136* (1996) 1647.

[49]   A. Hofmann, R. Heim, Chimia *14* (1960) 309.

[50]   R.S. Kapil, The Carbazole Alkaloids, in Zitat [4], Vol. *13* (1971).

[51]   R.H.F. Manske, The Carboline Alkaloids, in Zitat [4], Vol. *8* (1965).

[52]   H.P. Husson, β-Carbolines and Carbazoles, in Zitat [4], Vol. *26* (1985).

[53]   B. Robinson, Alkaloids of the Calabar Bean, in Zitat [4], Vol. *11* (1971).

[54]   A. Hoffmann, Die Mutterkorn-Alkaloide, Ferdinand Enke, Stuttgart, 1964.

[55]   A. Stoll, A. Hoffmann, The Ergot Alkaloids, in Zitat [4], Vol. *8* (1965).

[56]   W.I. Taylor, The Eburnamine-Vincamine Alkaloids, in Zitat [4], Vol. *11* (1968).

[57]   C. Szántay, G. Blaskó, K. Honti, G. Dörnyei, Corynantheine, Yohimbine, and Related Alkaloids, in Zitat [4], Vol. *27* (1986) 131.

[58]   E. Schlittler, *Rauwolfia* Alkaloids with Special Reference to the Chemistry of Reserpine, in Zitat [4], Vol. *8* (1965) 287. A. Chatterjee, S.C. Pakrashi, Recent Developments in the Chemistry and Pharmakology of *Rauwolfia* Alkaloids, Fortschr. Chem. Organ. Naturstoffe *13* (1956) 346.

[59]   W.I. Taylor, The Ajmaline-Sarpagine Alkaloids, in Zitat [4], Vol. *8* (1965) 287, Vol. *11* (1968) 41.

[60]   A.R. Battersby, H.F. Hodson, Alkaloids of Calabash Curare and *Strychnos* Species, in Zitat [4], Vol. *11* (1968) 189.

[61]   G.A. Cordell, *Aspidosperma* Alkaloids, in R.H.F. Manske, R. Rodrigo (Hrsg.), The Alkaloids, Academic Press, New York, 1979.

[62]   P. Obitz, J. Stöckigt, L.A. Mendoza, N. Aimi, S.I. Sakay, Alkaloids from Cell Cultures of *Aspidosperma Quebracho-Blanco*, in Zitat [6] Vol. *9* (1995).

[63]   W.I. Taylor, The *Iboga* and *Voacanga* Alkaloids, in Zitat [4], Vol. *8* (1965), Vol. *11* (1968).

[64]   T. Kametani, The Chemistry of the Isoquinoline Alkaloids, Hirokawa, El-sevier, Tokyo, Amsterdam, 1969.

[65]   M. Shamma, The Isoquinoline Alkaloids - Chemistry and Pharmacology, Academic Press, Verlag Chemie, New York, Weinheim, 1972.

[66] L. Reti, Simple Isoquinoline Alkaloids, Cactus Alkaloids, in Zitat [4], Vol. *1* (1954).

[67] G.Bringmann, F. Pokorny, The NaphthylisochinolineAlkaloids, in Zitat [4], *46* (1995) 128.

[68] A. Brossi, S. Teitel G.V. Parry, The *Ipecac* Alkaloids, in Zitat [4], Vol. *13* (1971).

[69] V. Deulofeu, J. Comin, M.J. Vernengo, The Benzylisoquinoline Alkaloids, in Zitat [4], Vol. *10* (1968).

[70] M. Shamma, The Spirobenzylisoquinoline Alkaloids, in Zitat [4], Vol. *13* (1971).

[71] M. Curcumelli-Rodostamo, Bisbenzylisoquinoline and Related Alkaloids, in Zitat [4], Vol. *13* (1971).

[72] N.G. Bisset, Curare, in Zitat [6], Vol. *8* (1993).

[73] J. Stanêck, Phthalidisoquinoline Alkaloids, in Zitat [4], Vol. *9* (1967).

[74] M. Shamma, M.A. Slusarchyk, The Aporphine Alkaloids, Chem. Rev. *64* (1964) 60.

[75] M. Shamma, R.L. Castenson, The Oxoaporphine Alkaloids, in Zitat [4], Vol. *14* (1973).

[76] K. Bernauer, W. Hofheinz, Proaporphin-Alkaloide, Fortschr. Chem. organ. Naturstoffe *26* (1968) 245.

[77] K.L. Stuart, M.P. Cava, The Proaporphine Alkaloids, Chem. Rev. *68* (1968) 321.

[78] P.W. Jeffs, The Protoberberine Alkaloids, in Zitat [4], Vol. *9* (1967).

[79] R.H.F. Manske, The Protopine Alkaloids, in Zitat [4], Vol. *4* (1954).

[80] G. Stork, The Morphine Alkaloids, in Zitat [4], Vol. *6* (1960); K.W. Bentley, The Morphine Alkaloids, in Zitat [4], Vol. *13* (1971); C. Szántay, G. Dörnyei, G. Blasko, The Morphine Alkaloids, in Zitat [4], Vol. *45* (1994).

[81] D. Ginsberg, The Opium Alkaloids, Interscience, New York, 1962.

[82] M.H. Zenk, Pharmazeutische Zeitung, *139* (1994) 4185, und dort zit. Lit. .

[83] R.H.F. Manske, The α-Naphthophenanthridine Alkaloids, in Zitat [4], Vol. *10* (1968).

[84] W.C. Wildman, Alkaloids of the *Amaryllidaceae*, in Zitat [4], Vol. *6* (1960), Vol. *11* (1968).

[85]   C. Fuganti, The *Amaryllidaceae* Alkaloids, in Zitat [4], Vol. *15* (1975).

[86]   H.T. Openshaw, Quinoline Alkaloids other than *Cinchona*, in Zitat [4], Vol. *3* (1953), Vol. *7* (1960), Vol. *9* (1967).

[87]   M.R. Uskowic, G. Grethe, The *Cinchona* Alkaloids, in Zitat [4], Vol. *14* (1973); R. Verporte, J. Schripsema, T. v. de Leer, *Cinchona* Alkaloids, in Zitat [4], Vol. *34* (1988).

[88]   P.J. Scheuer, The Furoquinoline Alkaloids, in Zitat [5] (1970).

[89]   M.F. Grundon, Quinoline, Acridine and Quinazoline Alkaloids, Chemistry, Biosynthesis and Biological Properties, in Zitat [6], Vol. *6* (1989).

[90]   J.R. Price, Acridine Alkaloids, in Zitat [4], Vol. *2* (1952).

[91]   R. Antkowiak, W.Z. Antkowiak, Alkaloids from Mushrooms, in Zitat [4], Vol. *40* (1991).

[92]   A.R. Battersby, H.T. Openshaw, The Imidazole Alkaloids, in Zitat [4], Vol. *3* (1953);

[93]   R.K. Hill, The Imidazole Alkaloids, in Zitat [6], Vol. *2* (1984).

[94]   H.T. Openshaw, The Quinazoline Alkaloids, in Zitat [4], Vol. *3* (1953), Vol. *9* (1967); S. Johne, Quinazoline Alkaloids, in Zitat [4], Vol. *29* (1986).

[95]   P.J. Scheuer, Fortschr. Chem. Org. Naturstoffe *22* (1964) 265.

[96]   H. Döpp, H. Musso, Chem. Ber. *106* (1973) 3473.

Nichtheterocyclische Alkaloide

[97]   L. Reti, β-Phenethylamines, in Zitat [4], Vol. *3* (1953); K.-A.Kovar, C.Rösch, A.Rupp, L.Hermle, Pharm. Unserer Zeit *19* (1990) 99.

[98]   M.A. ElSohly, *Cannabis* Alkaloids, in Zitat [6], Vol. *3* (1985).

[99]   T. Kametani, M. Koizumi, Phenethyl Isoquinoline Alkaloids, in Zitat [4], Vol. *14* (1973)

[100] W.C. Wildman, B.A. Pursey, Colchicine and Related Compounds, in Zitat [4], Vol. *11* (1968); U.Berg, H. Bladh, Helv. Chim. Acta *81* (1998) 323.

[101] M.M. Badawi, K. Bernauer, P. van den Broek, D. Gröger, A. Guggisberg, S. Johne, I. Kompis, F. Schneider, H.-J. Veith, M. Hesse, H. Schmid, Pure Appl. Chem. *33* (1973) 81; C.Werner, W. Hu, A.Lorenzi-Riatsch, M. Hesse, Phytochemistry *40* (1995) 461.

[102] A. Schäfer, H. Benz, A. Guggisberg, S. Bienz, M. Hesse, Zitat [4], Vol. *45* (1994).

[103] N. Ushio-Sata, S. Matsunaga, N. Fusetani, K. Hond, K. Yasumuro, Tetrahedron Lett. *37* (1996) 225.

[104] R. Tschesche, E.U. Kaussmann, The Cyclopeptide Alkaloids, in Zitat [4], Vol. *15* (1975); M.M. Joullie, R.F. Nutt, Cyclopeptide Alkaloids, in Zitat [6], Vol. *3* (1985).

[105] G.R. Pettit, Y. Kamano, C.C. Herald, Y. Fujii, H. Kizu, M.R. Boyd, F.E. Boettner, D.N. Doubek, J.M. Schmidt, J.C. Chapuis, C. Michel, Tetrahedron *49* (1993) 9151.

[106] E. Breitmaier, Terpene, Aromen, Düfte, Pharmaka, Pheromone, 2. Aufl., Wiley-VCh., Weinheim, 2005; Terpenes, Flavors, Fragrances, Pharmaca, Pheromones, Wiley-VCh, Weinheim, 2006.

[107] P.G. Waterman, The Indolosesquiterpene Alkaloids of the Annonaceae, in Zitat [6], Vol. *3* (1985).

[108] S.W. Pelletier, The Chemistry of the C_{20} Diterpene Alkaloids, Quat. Rev. *21* (1967) 525; S.W. Pelletier, L.H. Keith, Diterpene Alkaloids from *Aconitum*, *Delphinium* and *Garrya* Species, in Zitat [4], Vol. *12* (1970); F.P. Wang, X.-T. Liang, Chemistry of the Diterpenoid Alkaloids, in Zitat [4], Vol. *42* (1992).

[109] W.S. Yamamura *Daphniphyllum* Alkaloids, in Zitat [4], Vol. *29* (1986).

[110] M.H. Benn, J.H. Jacyno, The Toxicology and Pharmacology of Diterpenoid Alkaloids, in Zitat [6], Vol. *1* (1983).

[111] M.E. Wall, M.C. Wani, Taxol, in Zitat [6], Vol. *9* (1995); S. Blechert, D.F. Guenard, *Taxus* Alkaloids, in Zitat [4], Vol. *39* (1990).

[112] G. Habermehl, Steroid Alkaloids, in D.H. Hey (Hrsg.), MTP International Review of Science, Organic Chemistry, Ser. 1, Vol. *9*, Alkaloids, Butterworth University Park Press, London 1973, 235; K. Schreiber, Steroid Alkaloids: The *Solanum* Group, in Zitat [4], Vol. *10* (1968); O. Jeger, V. Prelog, Steroid Alkaloids: The *Holarrhena* Group, The *Veratrum* Group, in Zitat [4], Vol. *7* (1960); J.V. Greenhill, The Cevane Group of Veratrum Alkaloids, in Zitat [4], Vol. *41* (1992).

[113] J.W. Daly, Fortschr. Chem. Og. Naturst. *41* (1982) 206.

[114] P. Dumbacher, B.M. Beehler, T.F. Spande, H.M. Garraffo, J.W. Daly, Science *258* (1992) 799.

[115]   G. Habermehl, Steroid Alkaloids, The Salamandra Group, in Zitat [4], Vol. *9* (1967).

Biosynthese und Chemotaxonomie

[116]   E. Leete, Biosynthesis and Metabolism of the Tobacco Alkaloids, in Zitat [6], Vol. *1* (1983).

[117]   M.V. Kisakürek, A.J.M. Leeuwenberg, M. Hesse, A Chemotaxonomic Investigation of the Plant Families of Apocynaceae, Loganiaceae, and Rubiaceae by their Indole Alkaloid Content, in Zitat [6], Vol. *1* (1983).

[118]   D.H.R. Barton, G.W. Kirby, W. Steglich, G.W. Thomas, The Biosynthesis and Synthesis of Morphine Alkaloids, Proc. Chem. Soc. *1963*, 203.

[119]   R. Hegnauer, Chemotaxonomie der Pflanzen. Band *1-8*. Eine Übersicht über die Verbreitung und die systematische Bedeutung der Pflanzenstoffe. Birkhäuser, Basel, 1962-1969.

Alkaloid-Synthesen

Mesembrin

[120]   T.J. Curphey, H.L. Kim, Tetrahedron Lett. *11* (1968) 1441.

Syntheseplanung, Namen- und Schlagwort-Reaktionen

[121]   S. Warren, Organische Retrosynthese, Ein Lernprogramm zur Syntheseplanung, übersetzt von T. Laue, B.G. Teubner, Stuttgart 1997.

[122]   T. Laue, A. Plagens, Namen- und Schlagwort-Reaktionen in der Organischen Chemie, 5. Aufl., B.G. Teubner, Wiesbaden 2006.

enantioselektive Synthese des Coniins

[123]   H. Kunz, W. Pfrengle, Angew. Chem. *101* (1989) 1041; M. Weymann, W. Pfrengle, D. Schollmeyer, H. Kunz, Synthesis *1997*, 1151. In der zweiten Arbeit wird u.a. die in der Literatur uneinheitlich angegebene absolute Konfiguration des (−)-Coniin-Hydrochlorids bewiesen; korrekt ist demnach (*R*).

Epibatidin

[124]   S. Aoyagi, R. Tanaka, M. Naruse, C. Kibayashi, Tetrahedron Lett. *39* (1998) 4513; weitere enantioselektive Synthesen: D.A. Evans, K.A. Scheidt, C.W. Downey, Org. Lett. *3* (2001) 3009 und dort zitierte Arbeiten.

Actinidin

[125] J. Wolinski, D. Chan, J. Org. Chem. *30* (1965) *41*; G.W.K. Cavill, A. Zeitlin, Aust. J. Chem. *20* (1967) 349.

Tropinon und Pseudopelletierin

[126] R. Robinson, J. Chem. Soc. *1917*, 762; C. Schöpf, G. Lehmann, W. Arnold, Angew. Chem. *50* (1937) 783.

[127] A.C. Cope, Organic Syntheses Coll. Vol. *IV* (1963) 816.

Platynecin

[128] E. Röder, T. Bourauel, H. Wiedenfeld, Liebigs Ann. Chem. *1990*, 607.

Swainsonin

[129] G.W.J. Fleet, M.J. Gough, P.W. Smith, Tetrahedron Lett. *25* (1984) 1853. Neuere Synthese: W.H. Pearson, E.J. Hembre, J. Org. Chem. *61* (1996) 7217.

Tylophorin

[130] N.A. Khatri, H.F. Schmitthenner, J. Shringapure, S.M. Weinreb, J. Am. Chem. Soc. *103* (1981) 6387.

Porantherin

[131] E.J. Corey, R.D. Balanson, J. Am. Chem. Soc. *96* (1974) 6516.

Lysergsäure

[132] E.C. Kornfeld, E.J. Fornefeld, G.B. Kline, M.J. Mann, D.E. Morrison, R.G. Jones, R.B. Woodward, J. Am. Chem. Soc. *78* (1956) 3087;

[133] J. Rebek, D.F. Tai, Y.K. Shue, J. Am. Chem. Soc. *106* (1984) 1813.

Reserpin

[134] R.B. Woodward, F.E. Bader, H. Bickel, A.J. Frey, R.W. Kierstead, J. Am. Chem. Soc. *78* (1956) 2023, 2657; Tetrahedron *2* (1958) 1.

Heterocyclen-Synthesen

[135] T. Eicher, S. Hauptmann, Chemie der Heterocyclen, Georg Thieme Verlag, Stuttgart 1994.

Ibogamin

[136] S.I. Sallay, J. Am. Chem. Soc. *89* (1967) 6762.

Vincadifformin

[137]   M.E. Kuehne, J.A. Huebner, T.H. Matsko, J. Org. Chem. *44* (1979) 1063.

Vincamin

[138]   P. Pfäffli, W. Oppolzer, R. Wenger, H. Hauth, Helv. Chim. Acta *58* (1975) 1131.

enantioselektive Synthese von 1-Alkyltetrahydroisochinolinen

[139]   R. Polniaszek, J.A. McKee, Tetrahedron Lett. *28* (1987) 4511; K. Komori, K. Takaba, J. Kunitomo, Heterocycles *43* (1996) 1681.

Laudanosin

[140]   R. Mirza, J. Chem. Soc. *1957*, 4400.

Tetrahydroxyaporphin

[141]   B. Franck, L.F. Tietze, Angew. Chem. *75* (1967) 815.

Salutaridin

[142]   S. Wiegand, H.J. Schäfer, Tetrahedron *51* (1995) 5341.

Morphin

[143]   M. Gates, G. Tschudi, J. Am. Chem. Soc. *78* (1956) 1380.

[144]   J.E. Toth, P.L. Fuchs, J. Org. Chem. *52* (1987) 475.

Xylopinin

[145]   T. Kametani, K. Ogasawara, T. Takahashi, Tetrahedron *29* (1973) 73.

Chelidonin

[146]   W. Oppolzer, K. Keller, J. Am. Chem. Soc. *93* (1971) 3836.

Chinin

[147]   E.C. Taylor, S.F. Martin, J. Am. Chem. Soc. *94* (1972) 6218.

Oncinotin-11-on

[148]   M.K.H. Doll, A. Guggisberg, M. Hesse, Helv. Chim. Acta *79* (1996) 1359.

Taxol-Partialsynthese

[149]   K.C. Nicolaou, E.J. Sorensen, Classics in Total Synthesis, VCH, Weinheim 1996, und dort zit. Lit. .

[150]   J.N. Denis, A. Correa, A.E. Greene, J. Org. Chem. *55* (1990) 1957.

Opioid-Analgetika

[151] G. Seitz, Pharmazeutische Zeitung *137* (1992) 87 und dort zit. Lit. .

Endogenes Morphin

[152] T. Amann, M.H. Zenk, Deutsche Apotheker Zeitung *136* (1996) 519, und dort zit. Lit. .

Synthesen des Buprenorphins und anderer Opioide (Methadon u.a.)

[153] A. Kleemann, J. Engel, B. Kutscher, Pharmaceutical Substances, Vol. *1-2*, Georg Thieme Verlag Stuttgart, 2001, und dort zit. Lit. .

[154] D. Lednicer, L.A. Mitscher, The Organic Chemistry of Drug Synthesis, J. Wiley & Sons, New York, London, Vol. *I* 1977, Vol. *II* 1980.

[155] G. Satzinger, Liebigs Ann. Chem. *728* (1969) 64;

[156] L.E. Overman, C. Bruce, R.J. Doedens, J. Org. Chem. *44* (1979) 4183.

[157] M.F. Semmelhack, G.R. Clark, J.L. Garcia, J.J. Harrison, Y. Thebtaranonth, W. Wulff, A. Yamashita, Tetrahedron *37* (1981) 3957.

[158] O. Schnider, J. Hellerbach, Helv. Chim. Acta *33* (1950) 1437; O. Schnider, A. Grüssner, Helv. Chim. Acta *34* (1951) 2211.

Amphetamin-Halluzinogene

[159] P. Imming, Pharmazeutische Zeitung *141* (1996) 11, und dort zit. Lit. .

[160] L. Edelano, Ber. Dtsch. Chem. Ges. *20* (1887) 616.

[161] G. Alles, J. Pharm. Exp. Ther. *47* (1933) 339.

[162] B.W. Care, J. Med. Chem. *33* (1990) 687.

Tryptamin-Halluzinogene

[163] W. Keup, Deutsche Apotheker Zeitung *136* (1996) 4503.

[164] F. Benington, R.D. Morin, L.C. Clark, J. Org. Chem. *23* (1958) 1977.

[165] C.Y. Chen, C.H. Senanayake, T.J. Bill, R.D. Larsen, T.R. Verhoeven, P.J. Reider, J. Org. Chem. *59* (1994) 3738.

Sachverzeichnis

Aus dem Programm Chemie

Krüger, Anke
Neue Kohlenstoffmaterialien
Eine Einführung
2007. XIII, 469 S. mit 254 Abb. Br. EUR 39,90
ISBN 978-3-519-00510-0

Kohlenstoff, ein Element mit vielen Gesichtern - Fullerene - Ein- und
mehrwandige Kohlenstoff-Nanoröhren - Kohlenstoffzwiebeln und
verwandte Materialien - Nanodiamant - Diamantfilme - Anhang mit
weiterführender Literatur

Kohlenstoffmaterialien, ihre Eigenschaften, ihre Reaktivität und ihre
Anwendungsmöglichkeiten sind Gegenstand dieses Lehrbuches.
Besonderer Wert wird auf die Darstellung der Untersuchungsmethoden
gelegt. Nach einer Einführung zu traditionellen Kohlenstoffmaterialien
(Graphit, Diamant, Ruß, etc.) werden schwerpunktmäßig die aktuell
erforschten Materialien wie Nanotubes, Fullerene, CVD-Diamant und
Nanodiamant behandelt.

VIEWEG+
TEUBNER

Abraham-Lincoln-Straße 46
65189 Wiesbaden
Fax 0611.7878-400
www.viewegteubner.de

Stand Januar 2008.
Änderungen vorbehalten.
Erhältlich im Buchhandel oder im Verlag.

Aus dem Programm Chemie

Vögtle, Fritz / Richardt, Gabriele / Werner, Nicole
Dendritische Moleküle
Konzepte, Synthesen, Eigenschaften, Anwendungen
2007. 393 S. mit 259 Abb. Br. EUR 49,90
ISBN 978-3-8351-0116-6

Historie, Perfektheit, Definitionen, Nomenklatur - Synthesemethoden
für dendritische Moleküle - Funktionale Dendrimere - Dendrimer-
Typen und -Synthesen - Photophysikalische Eigenschaften dendritischer Moleküle - (Spezielle) Chemische Reaktionen dendritischer
Moleküle - Charakterisierung und Analytik - Spezielle Eigenschaften
und Anwendungspotenziale

Dieses Buch - als erstes in deutscher Sprache - gibt eine Gesamtüber-
sicht über dendritische Moleküle. Ausgehend von der Definition und
Nomenklatur über Struktur, Synthese, Analytik und Funktion wird der
fachübergreifende Charakter (Organische, Anorganische, Analytische,
Supramolekulare, Physikalische, Polymer-, Photo- und Biochemie, Physik,
Biologie, Pharmazie, Medizin, Technik) dieser noch jungen Verbindungsklasse deutlich gemacht. Anwendungen in den Lebenswissenschaften
(u. a. medizinische Diagnostik, Gentransfektion) und den Materialwissen-
schaften (z. B. Nanopartikel, Lacke, Hybridmaterialien, Oberflächen)
werden beschrieben.

VIEWEG+
TEUBNER
Abraham-Lincoln-Straße 46
65189 Wiesbaden
Fax 0611.7878-400
www.viewegteubner.de

Stand Januar 2008.
Änderungen vorbehalten.
Erhältlich im Buchhandel oder im Verlag.